La conciencia contada por un sapiens a un neandertal

Juan José Millás
Juan Luis Arsuaga

La conciencia contada por un sapiens a un neandertal

ALFAGUARA

Papel certificado por el Forest Stewardship Council®

MIXTO
Papel | Apoyando la silvicultura responsable
FSC® C117695

Penguin Random House Grupo Editorial

Primera edición: septiembre de 2024
Primera reimpresión: septiembre de 2024

Printed in Spain – Impreso en España

ISBN: 978-84-204-7122-8
Depósito legal: B-10360-2024

Compuesto en MT Color & Diseño, S. L.
Impreso en Unigraf, Móstoles (Madrid)

AL71228

Índice

Cero. Puro cerebro

Nos invitaron a Arsuaga y a mí a firmar juntos en la Feria del Libro de Madrid. Acordamos que, al objeto de proceder con método, yo pondría la primera dedicatoria y le pasaría el volumen para que él estampara la segunda. Pero el paleontólogo no se limitaba a firmar: socializaba, de manera que los libros dedicados por mí formaban en su lado montañas que no tardaban en derrumbarse. Yo envidiaba interiormente esa capacidad suya para establecer vínculos inmediatos con los desconocidos, pues entre la persona que solicita la firma y el firmante se produce, cuando se miran a los ojos, un relámpago de intimidad que a mí me incomoda porque no sé cómo resolverlo (o gestionarlo, que diría un coach), de ahí tal vez mi necesidad de aligerar el trámite.

Arsuaga me había dicho:

—Cuando terminemos la firma, quédate un rato, que te quiero enseñar una cosa.

El problema es que yo acababa una hora antes que él y, claro, me iba a casa o a donde tuviera que ir, porque a mi ansiedad constitucional (tengo una amiga que para imitarme dice: «Corre, corre, que llegamos tarde a ningún sitio»), a mi ansiedad constitucional, decíamos, había que añadir el asunto de la próstata: me ha crecido por escribir las novelas sentado, en vez de hacerlo de pie, sobre un atril, como Hemingway, y obliga a mi vejiga a vaciarse con más frecuencia de la que es habitual. Ya les digo que pretender orinar en la Feria del Libro del Retiro con cierta intimidad resulta imposible. Hay colas interminables en los retretes portátiles que el Ayuntamiento pone a disposición de los visitantes, colas de lectores que no es raro que reconozcan a un escritor.

—No sabía que los escritores también meaban —me dijo el lector que me precedía en la cola.

Confesé tímidamente que sí, que el tipo de escritor que era yo, al menos, meaba, pero me sentí culpable por esta debilidad. Lamenté mucho decepcionar a aquel lector que tuvo, de todos modos, la gentileza de cederme su puesto.

Entre unas cosas y otras, en fin, Arsuaga no lograba mostrarme nunca lo prometido.

Finalizada la Feria, me citó un día a las nueve de la mañana en un Meliá que queda cerca del Instituto de Salud Carlos III, donde tiene uno de sus despachos. Llegué yo antes por el asunto de la ansiedad ya mencionado y me instalé en la cafetería imaginándome que era un huésped del hotel. Me pareció fantástica aquella sensación de estar fuera de Madrid sin necesidad de haber salido: la aventura y la seguridad del hogar en el mismo paquete. Se lo dije al paleontólogo apenas se sentó:

—Tenemos que quedar siempre en hoteles, para sentirnos extranjeros.

Creí que le iba a interesar mi propuesta, pero se limitó a sacar de la mochila un ejemplar del primer tomo de *En busca del tiempo perdido* para enseñarme las líneas en las que Proust, tras llevarse a la boca un trozo de magdalena empapado en té, cae en una suerte de trance memorístico que reconstruye con una precisión asombrosa un escenario de su infancia.

Después de leer el pasaje en voz alta, recreándose en cada una de sus palabras, cerró el volumen y se volvió hacia mí:

—He aquí —dijo— una descripción perfecta, y reconocida universalmente, del funcionamiento del cerebro y la memoria. Proust alcanza en estas líneas conclusiones de la neurociencia moderna analizadas a través de las estructuras del sistema nervioso.

—Siempre me ha resultado estremecedora esa capacidad de los olores para evocar imágenes del pasado —admití.

—Es mucho más que eso —añadió con entusiasmo—: es la explicación del funcionamiento cerebral.

Dicho esto, volvió a abrir la mochila, de la que extrajo ahora un par de magdalenas envueltas en papel de celofán. Me dio una.

—¿Y esto? —pregunté, pues procuro mantenerme alejado de la bollería industrial.

—Nos vamos a comer una magdalena, a ver qué nos pasa a nosotros.

Nos las tomamos empapadas en té sin que ocurriera nada, excepto que yo alteré mi dieta, de la que he eliminado prácticamente el azúcar que no provenga de la fruta.

—Las magdalenas a las que se refería Proust —dijo entonces Arsuaga, quizá un poco decepcionado— no son como estas. En Madrid hay una tienda llamada La Magdalena de Proust en la que tampoco las tienen. Aquellas eran acanaladas, como si hubieran utilizado de molde una concha de peregrino. Las puedes ver en internet.

—¿No te parece increíble —le pregunté— la fuerza con la que la expresión «la magdalena de Proust» se ha institucionalizado para aludir a esa relación entre el olfato y la memoria? Poca gente ha leído *En busca del tiempo perdido*, pero todo el mundo tiene una idea más o menos vaga del significado de ese pasaje.

—Es que es una magnífica descripción literaria del flujo de conciencia inconsciente. La consciencia desplazándose sin control mental. Es una maravillosa descripción de cómo funciona el cerebro enfocado no desde la información, sino desde la emoción.

—Podría ser una buena manera de comenzar un libro sobre la mente —sugerí.

—Olemos con el cerebro —añadió el paleontólogo—, no con la nariz, del mismo modo que vemos con el cerebro y no con los ojos. Todo lo hacemos con el cerebro. Me extraña que nadie haya analizado el texto de Proust desde la perspectiva de la neurociencia. Me gusta especialmente el párrafo final. Atento, te lo leo otra vez: «Y en cuanto hube reconocido el sabor del trozo de magdalena mojado en tila que me preparaba mi tía, la vieja casa gris con fachada a la calle donde estaba su cuarto vino al instante como un decorado de teatro a ajustarse al pabelloncito que daba al jardín construido para mis padres en su parte posterior...». ¡No me canso de leerlo! —exclamó.

Tras unos segundos de un silencio casi religioso, el paleontólogo sacó otro objeto de la mochila, que empezó a parecerme la chistera del mago. Se trataba ahora de una cabeza humana, más bien pequeña, de un material plástico. Una cabeza desmontable, pues se podía abrir la caja craneal para acceder al cerebro, formado por diversas piezas que representaban sus numerosas regiones, cada una de un color diferente.

—Me lo regalaron de coña mis hijos hace años, pero mira qué bien hecho está. Esto es lo que tenemos dentro de la cabeza.

—La sala de mandos del sistema nervioso —dije yo—, y apenas pesa un kilo y medio.

—Así es: el dos por ciento, más o menos, del peso total del cuerpo, pero recuerda que consume casi el veinticinco por ciento de las calorías. Aunque siempre nos referimos a él con la palabra *cerebro*, acostúmbrate a llamarlo encéfalo. El encéfalo es el conjunto, es decir, todo lo que hay dentro de la caja craneal. El cerebro es la parte más voluminosa del encéfalo. Quédate con eso.

—Me quedo con eso.

—¿Y de qué partes consta el encéfalo? —preguntó—. Del cerebro, que son los dos hemisferios, más el cerebelo y el tronco encefálico. Lo interesante es que, como somos bípedos, tiene parte inferior y parte superior, y el cerebro está en la parte superior. ¿Me sigues?

—De momento sí —dije mientras observaba cómo montaba y desmontaba el juguete, del que me apartó sutilmente la mano cuando intenté tocarlo.

—El olfato —continuó— es un sentido especial, distinto de todos los demás por su capacidad para producir emociones. Y ello se debe a que no tiene receptores que hagan de intermediarios, sino que el olor llega directamente a las neuronas, que es tanto como decir al cerebro.

—¿El olfato es puro cerebro?

—Sí, cerebro en la nariz. Por eso es de una pureza y de una sensibilidad acojonantes. El gusto tiene papilas gustativas, que intermedian entre el objeto y las neuronas. Aunque están cercanos en la corteza del cerebro, el gusto y el olfato llegan por vías distintas. Y lo que es más importante, las neuronas sensoriales olfativas se conectan directamente a la corteza cerebral. Eso no pasa con los otros sentidos, que en su camino a la corteza hacen escala en una estructura intermedia llamada tálamo, de la que hablaremos mucho.

Iba desarmando el juguete al tiempo de nombrarme cada una de sus regiones. Pero era como si me hubiera traído el mapa de un país desconocido y pretendiera que me quedase con el nombre y las características de cada una de sus provincias. Renuncié a ello, aunque no se lo dije, en la esperanza de ir haciéndome poco a poco con ese universo pequeño en la apariencia, aunque casi infinito en la realidad (entre ochenta y cien mil millones de neuronas distribuidas misteriosamente tanto en su superficie como en sus profundidades).

—Hay una cosa que debes saber —dijo entonces, quizá al apreciar mi desánimo—, y es que cuando tú hueles un perfume o un alimento, lo que te llega a la nariz no es algo inmaterial, sino físico. Partículas infinitesimales de comida o de perfume, pero partículas materiales que entran en contacto de forma directa con las neuronas.

—Haces bien en decírmelo, porque yo creía que el olor que desprenden las rosas, por ejemplo, era inmaterial. El alma de la rosa, diríamos.

—Me lo imaginaba, siempre cayendo en la percepción dual de las cosas. Como metáfora está bien, pero no se ajusta a los hechos.

En esto, apareció un amigo del paleontólogo que se hospedaba en el hotel y al que me presentó como Rodrigo Quian Quiroga, profesor y director del Centro de Neurociencia de Sistemas en la universidad británica de Leicester y autor de *Borges y la memoria*, un libro en el que asocia conceptos científicos con la literatura y el arte en general. Tras los saludos de rigor, Arsuaga siguió internándose en las regiones más recónditas del cerebro, al que había dividido en capas, ayudado ahora por Rodrigo Quian, que se extendió sobre las funciones del hipocampo. Yo asentía a uno y a otro fascinado por la precisión de sus discursos, pero incapaz de someter a unidad la información que recibía a derecha e izquierda, pues tenía a uno a cada lado. Me sentía, pues, como una especie de cuerpo calloso encargado de comunicar dos inteligencias superiores.

En uno de los momentos en los que volví en mí, escuché decir a Rodrigo Quian que él trabaja desde hace años con la información obtenida de electrodos introducidos en el hipocampo de pacientes con epilepsia.

—La neurona —aseguró— tiene un *sonido* repetitivo, uniforme y plano: tac, tac, tac, tac. Si de pronto le muestras un estímulo, responde con una aceleración de ese sonido: tactactactac. Es como un contador Geiger. Pues bien, cada vez que mostraba una foto al paciente, la neurona reaccionaba de una manera u otra. En esto, le muestro una foto de Jennifer Aniston y reacciona de un modo exagerado. Me metí en Google y empecé a buscar fotos de Jennifer Aniston a lo loco y de otros ochenta actores y actrices. La neurona no solo respondía a las imágenes de la actriz, sino también a su nombre escrito, y en general a cualquier cosa que tuviera algo que ver con ella. ¡La neurona respondía al concepto mismo de Jennifer Aniston! Era una «neurona de concepto».

(Por lo visto, el sintagma «la neurona de Jennifer Aniston», acuñado por Quian, es mundialmente famoso en los círculos de la neurociencia).

—Si te asomas al conjunto —concluyó—, no ves nada porque cada neurona responde a una cosa. Hay otra que se activa con la imagen de Halle Berry, por ejemplo. Lo que hago yo es aislarlas, poner sobre ellas la lupa y observar lo que hace cada una cuando se la somete a un estímulo.

—Y de ahí —pregunté— ¿cómo se da el salto a las emociones?

—Hay otra estructura muy cercana al hipocampo que se llama amígdala cerebral, también una por cada hemisferio —respondió—. La amígdala es el principal centro de control cerebral de las emociones y los sentimientos. La amígdala y el hipocampo están muy ligados.

Lo que yo veo es que, en general, los registros de las neuronas del hipocampo están relacionados con cosas que son emocionalmente muy fuertes para el paciente. Y eso nos lleva a la magdalena de Proust de la que habla Arsuaga, porque resulta que el nervio olfativo, además de ir a la corteza cerebral, tiene otra conexión directa con la amígdala. Por eso, cuando Proust olía la famosa magdalena acudían a su memoria recuerdos y emociones de la infancia.

Lamenté no haber prestado más atención cuando Arsuaga me describió estas dos regiones: el hipocampo y la amígdala. El caso es que me perdí, aunque fingí seguirlos por este terreno abrupto donde se entrelazaban la biología y las alteraciones del alma.

—Me da la impresión —apunté en algún momento dirigiéndome a Quian— de que no haces distinción alguna entre cerebro y mente, como si fueran la misma cosa.

El científico me observó con extrañeza unos instantes, preguntándose quizá qué clase de amistades cultivaba Arsuaga, y respondió:

—Es que son la misma cosa. Se llama materialismo.

Yo procuro ser materialista, aunque no siempre me sale. Callé entonces a causa de mi complejo de inferioridad, pero me pregunté interiormente si la teta y la leche, o los testículos y el semen, desde una concepción materialista, eran la misma cosa. Me pregunté también si no había diferencia alguna entre el pedazo de mármol del que Miguel Ángel obtuvo la *Piedad* y la escultura misma. Comprendo la relación íntima entre el cerebro y la mente (no hay mente sin cerebro como no hay leche sin teta ni semen sin testículos), pero no estoy seguro de que sean lo mismo. Tomé nota para preguntárselo al paleontólogo cuando nos volviéramos a encontrar (ojalá que en un hotel) a solas.

Uno. Estaba escrito

A mediados de septiembre, cuando el paleontólogo terminó su temporada de excavaciones, me citó a comer en Barrutia y el 9, un restaurante cercano a la plaza de Santa Bárbara de Madrid, regentado por Luis Barrutia, un bioquímico reconvertido en cocinero.

Apenas nos habíamos sentado cuando me urgió a que tomara nota de unas cuestiones de «enorme interés» acerca del libre albedrío, asunto muy relacionado con la conciencia, que era el objetivo de nuestra próxima aventura. Me dirigí a él con expresión de lástima. Le dije:

—Arsuaga, Arsuaga, llevamos dos meses sin vernos, no nos hemos preguntado aún cómo nos va la vida, no hemos brindado por el rostro prehistórico que hallasteis este verano en Atapuerca —el del homínido más antiguo de Europa—, ni por la buena marcha de nuestros libros, ni por seguir vivos, ni por las excelentes críticas con las que se ha recibido la traducción al inglés de *La vida contada por un sapiens a un neandertal.* Dame un respiro, venga, dámelo.

En ese instante, el camarero nos trajo las copas de verdejo que habíamos pedido y logré que elevara la suya al tiempo que yo elevaba la mía para ritualizar un poco aquel primer encuentro del comienzo de curso.

—¿Tú crees —me dijo tras el primer sorbo— que si en un ordenador introduces siempre los mismos datos te ofrece siempre los mismos resultados?

—¿Y si disfrutamos un poco de la comida? —repetí yo, pues nos acababan de traer unos tacos de salmón ahumado sobre una base de yogur griego y pepino deshidratado y rehidratado luego con soja y con una reducción de Pedro Ximénez y pimienta rosa a cuya combinación de sabores convenía prestar toda la atención del mundo.

—No es incompatible hablar del libre albedrío con disfrutar de la comida. Saca tu cuaderno de notas.

—No lo he traído —mentí, y continué dando cuenta del salmón como el que lee un poema.

—Pero ¿qué dices a lo del ordenador? —insistió él.

—Que a idénticos datos, idéntica respuesta —declaré convencido.

—Entonces el ordenador está determinado —concluyó.

—Claro.

—¿Y tú?

—Yo qué.

—¿Darías siempre la misma respuesta ante una situación idéntica?

—No necesariamente, dependería de mi estado de ánimo, de si lloviera o hiciera sol, de si me presentaras esos datos antes o después de haberme tomado el ansiolítico. Muchas variables, en fin.

El paleontólogo sonrió con un gesto de malicia típico de él, y que suele anunciar una revelación, al tiempo de llevarse a la boca un taco del ahumado.

—¿Qué pasa? —dije.

—¿Has oído hablar del demonio de Laplace?

—No.

—Pues, según el demonio de Laplace, todo lo que ocurre está determinado por una sucesión de causas y efectos.

—En otras palabras...

—En otras palabras, que creemos elegir, y esa creencia está basada en que nos faltan datos. Si tuviéramos a la vista todos los datos de una acción, veríamos que las cosas no habrían podido suceder de un modo distinto al que sucedieron. Tienes que escuchar una canción de Jorge Drexler sobre el algoritmo que empieza así: «¿Quién quiere que yo crea lo que creo que quiero?».

En ese momento nos sirvieron a cada uno un plato marinero de garbanzos y arroz con sepia, langostinos, mejillones, mucho azafrán y un toque de picante cuyo mero olor me proporcionó un bienestar moral que llevaba tiempo sin sentir.

—¿Te has dado cuenta de lo que ha hecho Luis Barrutia? —dijo entonces Arsuaga introduciendo la cuchara en el guiso.

—¿Qué ha hecho?

—Nos ha dado la carta para que creyéramos que podíamos elegir, pero luego nos ha hecho unas sugerencias que hemos aceptado sin rechistar. La realidad te hace creer que decides tú, pero si fueras capaz de recopilar todos los datos que te condujeron a esa decisión, verías que el destino, o como quieras llamarlo, ha decidido por ti. Estamos comiendo estos garbanzos, que por cierto se deshacen en la boca como mantequilla, porque no éramos libres para elegir otro plato.

—¿Estaba escrito que comiéramos hoy en este restaurante? Yo estuve a punto de sugerirte un japonés.

—No lo dudes, estaba escrito que comiéramos aquí como habría estado escrito que comiéramos en el japonés si nos hubiésemos «decidido» por el japonés. Cuando tengas dudas, invoca al demonio de Laplace.

—En la teología católica —se me ocurrió—, se discute mucho sobre el libre albedrío porque parece incompatible con el hecho de que Dios sepa antes de que nazcamos qué va a ser de nuestras vidas. Dios es, en cierto modo, una especie de demonio de Laplace. Si sabe cómo y cuándo voy a morir, mi destino, en alguna medida, está determinado. No hay capacidad de decisión, no existe, en fin, el libre albedrío.

—Es una versión de lo mismo. Cuando creemos decidir, es porque nos faltan datos. ¿Por qué no sabemos el tiempo que hará dentro de tres meses en Madrid? Por falta de información. Punto. De ahí la importancia del *big data*. El *big data* parte del supuesto de que, disponiendo de toda la información sobre tus gustos, tus sentimientos, tus inclinaciones, etcétera, actuarás de manera predecible frente a una situación equis.

—¿Sin margen de error?

—Sin margen de error.

—No sé.

Nos trajeron una tortilla de migas manchega con callos increíblemente suave y digestiva, pues las migas no se empapan de aceite, como las patatas, y los callos eran ligeros y sutiles, no parecían pertenecer al tubo digestivo de un animal, sino a su alma. Este plato vuelve loco al paleontólogo, de modo que, tal y como habría previsto el *big data*, por un momento solo prestó atención a la comida. Era mi destino, pensé, que en este instante me diera un respiro. En todo caso, aunque no veía cómo exponerlo, sentí que había alguna fisura en su discurso, pues entre los datos de que debería disponer el *big data* para deducir mi forma de reaccionar frente a un hecho dado habría que incluir la información de cómo había actuado ya. Pero si el *big data* sabía cómo había actuado, le sobraba todo lo demás. Se lo planteé a Arsuaga.

—Eso es un sofisma —dijo— producto de tu romanticismo incurable. Por supuesto que todo lo que hemos hecho antes es importante para predecir lo que haremos, pero no suficiente. Yo me metí en internet para comprarme unas zapatillas de montaña y desde entonces me bombardean con anuncios de zapatillas de montaña. Pero el algoritmo no sabe que ya me las trajeron los Reyes. Si lo supiera, esperaría dos años a que se gastaran para bombardearme. Todo llegará, porque el algoritmo antes o después sabrá lo que nos regalan los Reyes a cada uno de nosotros y cuántas veces voy a la montaña. El demonio de Laplace va actualizando la información que tiene de cada uno de nosotros, como hace el algoritmo. El demonio de Laplace es el algoritmo. Te cuesta aceptar que vivimos ontológicamente determinados por influencias que están fuera de nuestro conocimiento.

—Tal vez —concedí.

—¿Y qué te parecen estos callos?

—Buenísimos.

—Vale —continuó—, pues vayamos ahora a la neurona. La neurona es la unidad del sistema nervioso. El cerebro está hecho de miles y miles y miles de neuronas. La impresión de aleatoriedad es tremenda. Ahora bien, ¿es libre la neurona?

—Sospecho que vas a decirme que no.

—En idénticas condiciones, actuará siempre del mismo modo. Si se repite todo, actúa igual. ¿Cómo escapamos de eso?

—¿Cómo?

—Hay una fuga posible a través de la física cuántica. En la física cuántica está la esperanza de los que creen en el libre albedrío, los cristianos entre ellos. Pero de eso hablaremos otro día, porque ahora nos van a traer el superpostre doble y secreto de la casa. Ya verás.

—¿Qué tiene?

—Es un secreto. Si te lo digo, Luis Barrutia me mata.

—Pero estamos solos. Dímelo en voz baja.

El paleontólogo miró a un lado y a otro, acercó su cabeza a la mía y recitó:

—Helado de stracciatella con tarta de queso belga, galleta speculoos caliente y caramelo de tofe.

Mientras nuestras cucharas se encontraban en el interior del postre compartido, yo rumiaba y rumiaba toda la información que acababa de recibir. Finalmente, miré al paleontólogo y dudé si decírselo o no. Él me devolvió la mirada.

—¿Qué ocultas? —dijo.

—Me estaba preguntando si esa concepción determinista de la existencia no debería hacerte más piadoso con las debilidades humanas.

—¿Yo soy poco piadoso?

—Tú eres implacable, Arsuaga.

—Decía Tolstói que comprenderlo todo es perdonarlo todo, pero un hijo de puta es un hijo de puta. Aunque no pueda ser otra cosa, me está jodiendo. Quizá le faltó el cariño de su madre, tal vez su padre lo abandonó de niño, pero si es un hijo de puta, es un hijo de puta.

—Ya.

—Por cierto —añadió—, esa chaqueta que llevas es de cura.

—Pues yo creía que era muy elegante.

—Quizá sea de cura elegante, pero es de cura.

Dos. Asedio a la fortaleza

El día 29 de septiembre, tras una prórroga insólita del verano, habían anunciado una bajada importante de las temperaturas, por lo que me abrigué para acudir al encuentro con Arsuaga, que me había citado a las ocho de la mañana en el portal de su casa. Apareció en camiseta, por lo que nos miramos sorprendidos.

—Uno de los dos se ha equivocado de estación —dijo.

—Yo no —afirmé—. Dijeron en el telediario que hoy se acababa el verano.

—Lo dudo —concluyó.

Ya en el coche, me contó que él había hecho su tesis sobre la pelvis porque se trataba de una estructura anatómica compleja que intervenía en la locomoción y en el parto, una estructura que sufría numerosísimas presiones a lo largo de la vida y que había que estudiar desde una perspectiva multivariante.

—En aquellos momentos —añadió— empezaban a aparecer las teorías sobre los sistemas complejos. Nos hicimos la ilusión de que todo se podía matematizar, expresar en números. El cambio era brutal. Date cuenta de que antiguamente, cuando se definía una especie, se escribían cosas de este estilo: «Es un pez de formas elegantes».

—No parece una descripción muy científica —opiné.

—Pues no. De ahí la seducción provocada por la idea de que todo se pudiera objetivar. La psicología, la sociología, la biología..., todas las ciencias que estudiaban los sistemas complejos tenían envidia de la física y la química, cuyas leyes son muy determinísticas, sencillas, elegantes (como el pez); todo se podía explicar por medio de unas fórmulas simples: las ecuaciones.

El coche avanzaba con dificultades por una de las carreteras de circunvalación de Madrid, atascada a esas horas; no sabría decir si era la M-30 o la M-40, pues hay tramos en los que las confundo. El calor apretaba, de modo que a mí empezó a sobrarme la ropa y Arsuaga puso el aire acondicionado con una sonrisa irónica.

—No sé qué telediarios ves tú —dijo.

—¿Adónde vamos? —repliqué para desviar la atención de mi indumentaria.

—Esa no es la pregunta.

—¿Cuál es entonces?

—Deberías haberme preguntado qué es un sistema complejo. Sé que crees que lo sabes, todo el mundo cree que lo sabe.

—Está bien —admití—: ¿Qué es un sistema complejo?

—Es un conjunto de muchos elementos de diferentes clases que interaccionan en todas las direcciones, todos con todos. Por lo tanto, es cambiante, pues las interacciones no suelen ser siempre las mismas. En un sistema complejo, el todo es más que la suma de sus partes. Si no conocemos las interacciones que se producen en su interior, tampoco seremos capaces de predecir el comportamiento del sistema.

—¿Y basta que cambie uno de sus elementos para que se modifique todo el sistema?

—Quizá uno solo no, pero es cierto que algunos cambios pequeños pueden provocar alteraciones grandes.

—Por ejemplo.

—Por ejemplo, la atmósfera. La atmósfera es un sistema complejo. Sabemos de qué está compuesta, pero ignoramos en gran medida la forma en que sus elementos interaccionan. De ahí nuestra incapacidad para predecir el clima a largo plazo. Sabemos también cómo funcionan las placas de la litosfera, que se mueven y producen terremotos, pero predecirlos es imposible debido a su complejidad y a las numerosísimas posibilidades de interacción de sus elementos.

—Tú eres un sistema complejo —dije—, nunca sé cómo vas a reaccionar.

—Tú también. Los seres humanos somos una caja de sorpresas —rio Arsuaga sin perder de vista la masa de automóviles que se espesaba a nuestro alrededor como la sangre en las arterias de un difunto—. El cerebro tiene entre ochenta y cien mil millones de neuronas —repitió—, y cada una interactúa con otras mil cada vez que se dispara. Ahí tienes otro sistema complejo.

—¿Y qué podemos hacer con los sistemas complejos?

—Tenemos la esperanza de que con la potencia de cálculo de los ordenadores del futuro seamos capaces de entender cómo funcionan. De ahí la importancia del *big data*. Recuerda lo que decíamos el otro día, en la comida: todo está determinado. Si no sabemos lo que va a ocurrir, es porque nos falta información.

—¿Este atasco formaba parte de lo que nos esperaba al salir de casa esta mañana?

—Claro, y si yo hubiera dispuesto de toda la información acerca del día, de la hora, del precio de la gasolina, de la temperatura, del estado de ánimo de los automovilistas, etcétera, etcétera, etcétera, lo habría sabido antes de salir.

—Y de ese modo habrías cambiado el itinerario para meternos en un destino que quizá habría sido peor.

—Un gran tema, el de los futuribles. ¿Qué habría pasado si aquel día de junio en el que conociste a tu mujer (es un decir) hubieras salido de casa cinco minutos más tarde porque volviste a por el paraguas al ver que amenazaba lluvia?

—No la habría conocido.

—Por cinco minutos, porque estaba nublado, ya ves. Tu vida habría sido completamente otra. Habrías tenido otros hijos, otra familia política, vivirías en una casa distinta...

—Me viene a la memoria una frase de Borges que me impresionó mucho en su día. Decía que el azar es una forma de causalidad cuyas leyes ignoramos.

—Exacto: llamamos azar a la ignorancia de las leyes que rigen nuestras complejas existencias.

—Qué inquietante es todo —resumí—. Te recomiendo, por cierto, una novela de Mark Twain que va del asunto este de los futuribles. Se titula *El forastero misterioso*. Es lo último que escribió; una especie de testamento ideológico.

Por fin llegamos al campus de la Complutense de Madrid, donde aparcamos, milagrosamente, sin dificultad (era nuestro destino). Arsuaga me reveló entonces que nos disponíamos a visitar el Centro de Proceso de Datos de la Complutense.

—Lo dirige Fernando Pescador, que en mi época era un muerto de hambre, como yo. Él estaba con su tesis y yo con la mía, pero él sabía mucho más de informática, aunque en aquella época estábamos en la prehistoria de la informática. En el Centro de Proceso de Datos, como puedes imaginar, tienen muchos ordenadores, y quiero que veas uno o dos por dentro para que hablemos de la analogía entre ordenador y cerebro. La dualidad cerebro/mente funciona en las conversaciones de la vida diaria como una analogía de la de hardware/software.

—Yo la utilizo mucho.

—Lo sé, te la he escuchado. Ya veremos si es correcta o no. Y de paso trataremos de liquidar de una vez para siempre el asunto de las semejanzas o las desemejanzas entre el ordenador y el cerebro.

Mientras caminábamos hacia el edificio del Centro de Proceso de Datos, Arsuaga me iba ilustrando sobre los orígenes de la Complutense y sobre el modo en que estaban distribuidas sus facultades.

—A este lado, las de humanidades —dijo—, y a ese otro, las de ciencias. Siempre ha sido así. Nadie se ha atrevido a borrar la frontera entre las humanidades y las ciencias. Cada vez que se construye una facultad nueva, se la coloca a un lado o al otro de la raya en función de su pertenencia a un área o a otra del conocimiento. Como metáfora urbanística no tiene precio. No conozco ningún otro lugar donde la separación entre lo objetivo o matemático, por un lado, y lo subjetivo (la creatividad y el arte), por el otro, se exprese con tanta claridad. Y lo realmente increíble es que nadie se haya dado cuenta, que nadie lo haya visto. Tú y yo, en cierto modo, representamos también esa separación. Pero tú y yo tenemos la voluntad de cruzar la raya. ¿O no?

—Yo sí, desde luego.

—Pues vamos a ello.

El edificio del Centro de Proceso de Datos, diseñado por Miguel Fisac, resultó pertenecer al estilo de la arquitectura brutalista de los años sesenta del pasado siglo. No ocultaba, pues, el material del que estaba construido (hormigón) y abundaban en él las formas angulares. Según el paleontólogo, estaba catalogado.

—Aquí es donde venía yo a hacer los programas informáticos que necesitaba para mi tesis sobre la pelvis —añadió observando con nostalgia el edificio, que se conservaba bien y que parecía muy funcional.

Nos recibió Fernando Pescador, que nos condujo a una sala con ordenadores en la que, para empezar, intentaron explicarme algo que no entendí acerca de la máquina de Turing. Yo estaba convencido de conocer bien esa máquina porque había visto el biopic sobre el famoso matemático, pero ahora me daba cuenta no ya de que no tenía ni idea, sino de que carecía de la capacidad intelectual precisa para llegar a entenderla. No obstante, fingí comprender mientras me mostraban una caja de tarjetas perforadas de los años sesenta y setenta para enseñarme cómo se almacenaba la información durante aquella época.

—Esta caja de tarjetas —dijo Arsuaga con emoción— es mi querida tesis sobre la pelvis. La dejé olvidada en este centro de cálculo hace cuarenta y cinco años y la recupero ahora gracias a Fernando.

—¿Quieres decir que aquí está, encriptada, tu tesis?

—Exacto.

Tomé una de las tarjetas perforadas entre las manos y traté de componer un gesto de inteligencia mientras me desmoronaba por dentro. Advertí que había crecido así, dando por supuesto que sabía cosas que ignoraba. Tal vez, me dije, hacerse mayor consiste precisamente en eso, en fingir que entiendes.

¿Le ocurriría lo mismo al resto de la gente?, me pregunté angustiado.

El paleontólogo, que me conoce bien, se hizo cargo de la situación. Dijo:

—De momento, vamos a conformarnos con que comprendas la diferencia entre lo analógico y lo digital. ¿Te parece?

—Me parece. Pero creo que hasta ahí llego —presumí para disimular mi confusión.

—Todo el mundo cree que llega hasta ahí. Repasémoslo, en cualquier caso: analógico significa que es semejante a la naturaleza y en la naturaleza todo es continuo, mientras que en lo digital las cosas son A o B, cero o uno, apagado o encendido. Dicho de otro modo: en lo digital no existen los estados intermedios.

—Mi madre era muy digital —reflexioné en voz alta—, decía: «O te comes las acelgas o no cenas».

—Exacto —dijo Arsuaga—, ahí no hay estados intermedios. O una cosa o la otra. *On* u *off*, cero o uno. El sistema digital más simple es el binario: o vivo o muerto, no hay un estado intermedio. Si estás vivo, aunque estés muy mal, estás vivo. Y si estás muerto, aunque tengas buen aspecto, estás muerto. El alfabeto morse es digital: rayas y puntos, pero entre la raya y el punto no hay nada. Puedes enviar un mensaje SOS porque la S son tres puntos seguidos y la O, tres rayas seguidas. A base de ceros y unos puedes escribir todo el alfabeto.

—Entendido.

—Ahora viene la pregunta interesante: ¿nuestro cerebro es digital?

—Ni idea.

—Pero si fuera digital, sería en realidad un ordenador que funciona a base de algoritmos. Si nuestras neuronas son digitales, lo que tenemos aquí dentro es un ordenador. Esto es lo que estamos tratando de averiguar. Si decidimos que sí, tendremos que preguntarnos quién lo ha programado y cómo se programa.

¿Nacemos con los programas o nos los ponen luego? ¿Razonamos con algoritmos? ¿Nuestro cerebro es algorítmico? ¿Somos libres o dependemos de una programación? Si el cerebro es una máquina, ¿de dónde viene la conciencia? ¿Cómo surge? Y al revés: si los ordenadores son como los cerebros, ¿tendrán conciencia algún día? ¿La tienen ya y no lo sabemos? Todo lo que queramos construir en relación con el cerebro y con la mente procederá de haber entendido bien la diferencia entre analógico y digital. Ahí está la base. Sin ella, todo lo que hagamos será literatura.

En este punto, mientras Fernando Pescador y Arsuaga se enzarzaban en una discusión filosófica sobre el mundo de las representaciones, tomé apresuradamente nota literal de las últimas palabras del paleontólogo porque creí haberlas entendido y no estaba dispuesto a perderlas.

Instantes después nos encontrábamos frente a la torre de un ordenador de sobremesa abierta por un costado. Arsuaga me observó con su mirada clínica y comprendí que estaba calculando la capacidad de atención de la que aún disponía.

—Soy todo oídos —dije para tranquilizarlo.

—Bien —dijo—, he aquí las tripas de un ordenador, que, como ves, son bien sencillas. Solo tiene tres partes. Luego discutiremos si entre esta arquitectura del ordenador y la del cerebro hay alguna semejanza.

—Solo tres partes —repetí, optimista—. Tres partes las afronta cualquiera.

—Toma nota, pues: tiene una CPU, que es la unidad central de procesamiento; tiene un disco duro, que es donde se almacenan los datos y los programas, es decir, el software; y tiene una memoria RAM, que sirve para rescatar aquella información almacenada en el disco duro sobre la que estés trabajando. La memoria RAM, a la que solemos referirnos como «memoria operativa», es el lugar donde se activan provisionalmente las aplicaciones que se estén usando. Insisto en esto último porque no necesitas tener todo el disco duro funcionando, solo aquella zona que contiene los datos o la información sobre la que has focalizado tu interés.

—Viene a ser como la parte consciente del cerebro —introdujo Fernando Pescador.

—Comprendo —dije—. Cuando yo estoy escribiendo un artículo, tengo abierto únicamente el procesador de textos, que es lo que necesito para escribir. No tengo abierto el Google Maps, por poner un ejemplo.

—Sí —confirmó Pescador—. Ahora bien, mientras prestas toda tu atención a lo que te estoy diciendo en este instante, tu cerebro permanece atento también a los cambios de temperatura; por ejemplo, detecta si hay una corriente de aire porque alguien ha abierto una ventana, escucha los ruidos de fondo, olería el humo si se produjera un incendio...

—Mi cerebro —resumí— tiene abiertas todas las aplicaciones, aunque focaliza su atención en una.

—Algo así —intervino Arsuaga—. Luego nos preguntaremos si en tu cabeza hay un disco duro, una CPU y una RAM.

—O miles —añadió Fernando Pescador.

—O miles —concedió el paleontólogo.

—A mí —dije—, lo que de momento más me llama la atención son esos ventiladores, que giran como locos.

—Te voy a dar un dato que puede interesarte —terció Arsuaga ignorando mi comentario—: esta máquina consume cien vatios, lo mismo que una bombilla de las antiguas de ese voltaje. Muy poco para lo que obtenemos de ella.

—Pues sí —admití.

—Ahora viene lo mejor: ¿cuánto crees que consume tu cerebro, que también tiene un sistema de refrigeración, por cierto: el sanguíneo?

—¿El cerebro es una máquina eléctrica?

—A fin de cuentas, sí. Las neuronas transmiten a base de impulsos eléctricos.

—Pues no tengo ni idea. Sé, porque me lo has dicho, que consume el veinticinco por ciento de las calorías que ingerimos, mucho con relación a su tamaño. Pero ignoraba que se hubiera calculado su consumo en vatios.

—Diez vatios —reveló Arsuaga.

—¡Como la bombilla de una linterna! —exclamé.

—Tu cabeza —continuó el paleontólogo—, que hace infinitamente más cálculos que un ordenador, solo consume diez vatios por hora. ¿Es eficiente o no?

—Es baratísimo —agregó Fernando Pescador—. ¿Cuántos vatios tienes contratados en tu casa?

—Ni idea —dije.

—Yo —informó él— tengo 7,2 kilovatios a la hora, que es mucho, es lo máximo, porque tengo aerotermia y si te pasas de ahí en algún pico te la cortan. Pero lo normal es contratar tres, cuatro o cinco kilovatios.

—Bien —continuó el paleontólogo—, la CPU, el disco duro y la memoria RAM son las tres unidades básicas a las que luego se añaden las tarjetas de red, de sonido, gráficas, de vídeo, etcétera, etcétera, etcétera. Lo que trato de decirte es que el ordenador es modular; está compuesto, como ves, por módulos. En el cerebro, en cambio, todas las partes hacen todo y todo se hace en todas partes.

—Pero yo —repliqué— tengo entendido que hay una zona especializada en el lenguaje, por ejemplo.

—No hay una zona especializada en el lenguaje —señaló Arsuaga—. Hay zonas que si se lesionan impiden la producción o la comprensión del lenguaje oral o escrito. Eso no quiere decir que el lenguaje esté localizado, sino que esas zonas intervienen en el proceso del lenguaje en algún momento. Si se estropea el botón de la tele, no puedes encenderla, lo que no significa que el botón produzca las imágenes.

—Pues no acabo de entenderlo —me quejé.

El paleontólogo compuso un gesto que alternaba entre la paciencia y la ironía. Dijo:

—Nunca intentes asaltar frontalmente una ciudadela inexpugnable. Por ahora, nos conformaremos con rodearla. Asediémosla, sitiémosla, cerquémosla despacio y ya verás como el conocimiento surge poco a poco de ese cerco.

—Vale —me rendí.

—Ahora observa esto que voy a hacer.

Acercó entonces la mano al interruptor y apagó el ordenador.

—¿Qué he hecho? —preguntó.

—Lo has apagado —dije.

—He ahí otra diferencia: el cerebro no lo puedes apagar. Funciona las veinticuatro horas del día los trescientos sesenta y cinco días del año. Funciona también, y a tope, por cierto, cuando duermes.

Este pensamiento me resultaba agotador, más agotador aún al acordarme de algo que me había dicho mi fisioterapeuta hacía poco, al referirse a las virtudes de la meditación: «El cerebro no tiene freno, solo acelerador». La idea de no poder dejar de pensar ni de imaginar un solo minuto del día me producía angustia. Recordé con nostalgia una intervención quirúrgica reciente en la que había sido anestesiado. Cuando me desperté, y al comprobar que «no había estado» durante más de media hora, tuve una pasajera sensación de plenitud, como si me hubieran reseteado. «Estar» me cansa, me agota. De vez en cuando, pensé, deberían anestesiarnos durante un tiempo para tomarnos unas vacaciones de la realidad y de nosotros mismos.

—Ya con lo que hemos apuntado —escuché pronunciar a Arsuaga— es suficiente para comprender que solo hablando en un sentido muy amplio podemos comparar el cerebro con el ordenador. Pero te veo cansado y no quiero liarte más.

—¿Y qué hay del hardware y el software? —insistí—. El cerebro de un recién nacido tiene muchas capacidades en potencia, pero muy poca información en acto. La información se la vamos introduciendo con el aprendizaje. En ese sentido, no me parece disparatado comparar el cerebro con el hardware y la información que introducimos al educar a su propietario con el software. Volvemos a lo que ya hablamos en el encuentro con Quian. ¿Existe la dicotomía cerebro/mente o la mente y el cerebro son la misma cosa? ¿El *Quijote* no es más que la tinta con la que se escribió? ¿La *Piedad* de Miguel Ángel no es más que un trozo de mármol? ¿La bilis es hígado? ¿El semen es testículo? En otras palabras, ¿los productos del cerebro son cerebro?

—Las metáforas —respondió Arsuaga— no son más que eso, metáforas. Sirven para entender la realidad, pero no la describen en su literalidad. La *Piedad* de Miguel Ángel sigue siendo algo perfectamente material, hecho de piedra, concretamente de mármol. Y la bilis y el semen están conformados por moléculas perfectamente conocidas, en absoluto misteriosas. Se puede comparar el aprendizaje con el software, pero anota esto: un ordenador sale de fábrica con hardware y sin software. Los programas y la información se introducen luego en el disco duro y de ahí pasan temporalmente a la RAM cuando se van a utilizar. En el cerebro, por el contrario, no hay diferencia entre hardware y software. Todo es lo mismo: redes de neuronas. El software no es el equivalente de la mente ni el hardware del cerebro. No hay nada inmaterial en la información. Ya sea en un disco magnético o en uno sólido, los programas y los datos son materiales. Pero la información, para los temperamentos dualistas como el tuyo, se ha convertido en un equivalente moderno del espíritu, del alma, de los dioses, de los genios, de las energías... Los términos varían, pero el significado es el mismo: entidades inmateriales que actúan en el mundo material. En otras palabras: pensamiento mágico.

—¡Joder con el pensamiento mágico! —protesté—. Vamos a ver, Arsuaga, cuando yo tengo una fantasía sexual veo en mi mente imágenes que no son materiales porque no están hechas de átomos. Esas imágenes constituyen una «información» que no es material, que no se puede tocar. Puedo tocar mi pene, sobre el que actúan esas imágenes, pero la naturaleza de las imágenes es intangible. No hay pornógrafo más eficaz que la mente. Olvidemos la pornografía. Mi madre está muerta, pero cuando cierro los ojos y pienso en ella, veo su rostro con todo detalle, lo puedo recorrer, soy capaz de detenerme en sus labios, en sus ojos, en el modo en el que solía ir peinada. El rostro de mi madre es de nuevo «información», aunque información inmaterial. Puedo admitir que esas imágenes sean el resultado de una actividad neuronal, pero no son las neuronas, igual que la bilis es el resultado de la actividad del hígado, pero no es el hígado. ¿Qué problema hay en admitir la existencia de la dualidad cerebro/mente? La mente sería el resultado de la actividad cerebral, de acuerdo; sin embargo, la mente no es el cerebro.

—No conozco tu mundo subjetivo —replicó.

—No te hablo de experiencias subjetivas, sino intersubjetivas. Todo el mundo tiene fantasías sexuales, todo el mundo puede evocar el rostro de su madre en ausencia de ella.

—Lo iremos viendo. Volveremos a discutirlo. Es un asunto que me interesa, pero lo que toca ahora es dejar bien claras las diferencias entre el ordenador y el cerebro, y quiero dejarlas bien claras porque tú, por lo que te he escuchado en algunas ocasiones, participas de esa creencia transhumanista según la cual la información del cerebro (la identidad o la conciencia, en otras palabras) podría trasplantarse a un ordenador y vivir dentro de ese ordenador eternamente.

—Yo no participo de esa creencia —me defendí—. Lo que digo es que la idea me parece sugestiva desde el punto de vista novelesco.

—Mira, el ordenador y el cerebro son soportes de información tan distintos que no hay conector capaz de unirlos. El cerebro humano supera abrumadoramente al ordenador en complejidad. No hay comparación posible. Por otro lado, para un ordenador, todos los datos son igual de importantes y por eso los guarda todos, mientras que para un cerebro algunos datos son más importantes que otros y los menos importantes se olvidan. El ordenador no olvida, el ordenador es el Funes el memorioso de Borges.

—Dices que el cerebro olvida lo que «no es importante», pero ¿qué instancia decide lo que es importante? ¿Y qué significa olvidar? ¿Es lo mismo olvidar que reprimir? Un suceso traumático, pongamos por caso, es importante en la vida de una persona, pero se «borra» precisamente porque es traumático. Ahora bien, ¿se ha borrado o se ha reprimido transformándose luego, a lo mejor, en una enfermedad física? ¿Existe para ti la somatización? ¿Las emociones son materiales? ¿Se pueden tocar la angustia o el pánico? ¿Se pueden analizar los átomos que las componen? Para mí, la angustia o el pánico son inmateriales, pero pueden convertirse en una úlcera de estómago, por ejemplo, pueden actuar sobre lo material y eso no es pensamiento mágico, es psicosomática.

—Lo que es importante o no —replicó Arsuaga— lo dice la amígdala, que está formada por un conjunto de neuronas muy relacionadas con el hipocampo. La amígdala pertenece al cerebro reptiliano. No me gusta nada esa expresión, pero sirve para referirse a la parte del cerebro que precedió a la aparición de los hemisferios cerebrales. Se trata, en fin, de un órgano muy antiguo relacionado con las emociones básicas de los vertebrados inferiores. Se recuerda mejor lo que provoca mucho miedo o mucho placer.

—¿Y qué hay del olvido?

—Que los recuerdos se olviden es inevitable. Un recuerdo no es más que un conjunto de neuronas que se activan a la vez porque están conectadas. Si pasa el tiempo y no se activan, las conexiones se van perdiendo y el circuito deja de funcionar. Y yo me acabo de acordar de que he quedado para comer y llego tarde. Pero seguiremos hablando de todo esto, no te apures, porque me doy cuenta de que hay flecos sueltos.

—Sí me apuro.

El paleontólogo salió corriendo abrazado a la caja de tarjetas perforadas en las que se hallaba encriptada su tesis sobre la pelvis. Fernando Pescador, por su parte, también tenía cosas que hacer, de modo que me dejaron solo a las puertas del edificio brutalista de Fisac; solo, aunque con un dolor de cabeza físico resultante de las emociones inmateriales provocadas por aquel raro encuentro. Para colmo, el calor a esas horas era sofocante y yo iba de invierno.

Tres. El cocodrilo

Desde la visita al Centro de Proceso de Datos de la Universidad Complutense de Madrid, en el otoño de 2022, hasta el siguiente encuentro, en abril de 2023, nuestras vidas (la del paleontólogo y la mía) sufrieron algún cambio. Yo logré terminar una novela, *Solo humo*, que se publicó en marzo, y por esas mismas fechas me operé de cataratas. Arsuaga, por su parte, dio fin a un libro de anatomía, *Nuestro cuerpo*, en el que trabajaba desde hacía varios años, y que aparecería en mayo con el subtítulo de *Siete millones de años de evolución*.

A lo largo de aquellos meses no nos comunicamos demasiado: algún correo suelto aquí y allá, alguna llamada telefónica, un par de encuentros con lectores de nuestros libros tras los que salíamos corriendo porque cuando no tenía prisa él la tenía yo, o eso nos decíamos.

La distancia generaba distancia.

Un día recibí un mensaje suyo en el que decía: «Recuerda que lo que no es neocorteza es cocodrilo».

Aludía a una breve conversación que habíamos tenido después de una entrevista de radio en la que yo me mostré perezoso, una vez más, para tomar nota de las numerosas regiones del cerebro (en el colegio se me daba mal la geografía, de modo que el término *región* disparaba todas mis defensas). Entonces, él accedió a simplificar las cosas:

—La neocorteza, quédate solo con esto, es la parte más externa del cerebro de los mamíferos. En los seres humanos, procesa la información sensorial, controla los movimientos y lleva a cabo funciones cognitivas superiores como el lenguaje, la planificación y el pensamiento abstracto.

—¿Por qué se llama neocorteza?

—Porque su aparición es reciente.

—¿Cómo de reciente?

—Unos doscientos veinte millones de años, que es lo que tienen los mamíferos. Antes solo había corteza olfativa, llamada paleocorteza.

—¿Y debajo de esa nueva corteza qué hay?

—Debajo de esa corteza está el cocodrilo.

—¿El cerebro de reptil?

—Llámalo como quieras.

Me impresionó la idea de que ocultáramos un reptil bajo esa formación tan elegante, la neocorteza, como si al quitarle la piel a un gato apareciera una rata. O como si al pelar una naranja descubriéramos una patata podrida.

Pensaba en ello de vez en cuando, así que acabé telefoneando al paleontólogo para preguntarle si el cerebro de reptil era prescindible.

—¡No! —exclamó—. Regula el comportamiento instintivo. De él dependen movimientos como la lucha o la huida. Aunque en nuestra especie es pequeño, sigue siendo importante para la supervivencia y la adaptación al entorno.

El hecho de obligarme a pensar en mi propio cerebro me producía jaqueca. Un cerebro que reflexiona sobre sí mismo, me dije, es un metacerebro, del mismo modo que una novela que adquiere la conciencia de novela es una metanovela. Pero ¿puede un cerebro volver la mirada sobre sí? ¿Puede un ojo observarse a sí mismo? Me vino a la memoria la enigmática frase de un místico cuyo nombre he olvidado y que guarda una oscura relación con todo esto: «El ojo por el que veo a Dios es el ojo por el que Dios me ve». El cerebro por el que yo pensaba el mundo ¿era el mismo que aquel por el que el mundo me pensaba a mí?

La distancia, decíamos, nos alejaba cada día más.

Finalmente, Arsuaga me citó un miércoles de abril a las nueve de la mañana, en la puerta de su casa, para emprender una de nuestras salidas. Como siempre, me ocultó adónde iríamos. Mientras le esperaba, me metí en la cafetería de enfrente y pedí dos cafés, uno para él. Bajó enseguida y me puso un mensaje: «¿Dónde estás?». «En la cafetería», le respondí.

Lo vi entrar y me pregunté si la distancia que sentía instalada entre nosotros era real o fruto de mis rumiaciones obsesivas. En nuestros últimos encuentros él se había encastillado (o eso me parecía) en un biologicismo que me empujaba a mí hacia un psicologismo exagerado. O quizá no: tal vez había sido mi psicologismo el que había acentuado sus posiciones biologicistas. En estas me hallaba mientras lo veía acercarse, dudando si debía ofrecerle la mano o darle un abrazo, cuando él, que venía sonriendo como el que esconde una sorpresa, llegó a mi lado, abrió la mochila y me ofreció un regalo:

—Toma, me han costado doscientos euros.

Abrí el paquete y resultaron ser unas excelentes gafas de sol polarizadas, signifique lo que signifique *polarizadas*. El paleontólogo sabía que, desde mi operación de cataratas, la luz excesiva me causaba molestias.

—Póntelas, a ver si he acertado con el tamaño.

Me estaban perfectas y me caían muy bien, me rejuvenecían. No le tuve en cuenta el hecho de que me hubiera informado del precio porque se trataba de un rasgo infantil que a Arsuaga le gusta cultivar. Peter Pan es su héroe. Me vino a la memoria un día en el que me mostró en su móvil una edición digital del libro de J. M. Barrie, del que me leyó la primera frase: *«All children, except one, grow up»*. Luego, volviéndose, me la tradujo con una sonrisa: «Todos los niños crecen menos uno».

Ese niño que no crecía era él, supuse, de ahí su capacidad para deshacer en medio minuto un malestar que solo estaba en mí y cuyo origen, como ya he señalado, procedía de mi tendencia a los pensamientos rumiativos.

Le di un abrazo, en fin, y nos convertimos de repente en dos críos que un miércoles cualquiera de abril, un miércoles excepcionalmente luminoso incluso desde detrás de las gafas de sol polarizadas, se habían escapado del colegio para correr una aventura del conocimiento.

De camino al coche, como si se hubiera olvidado de algo, el paleontólogo se detuvo en una esquina, sacó de la mochila una gorra amarilla, de las de visera, y preguntó si me gustaba.

—Es chula —opiné.

—Me la han regalado mis hijos para prevenir el melanoma —dijo él—. Pruébatela.

Me estaba un poco grande. El paleontólogo se rio:

—Tienes el cráneo más pequeño que yo.

—Y el cerebro también, por tanto —deduje—. Seguramente soy menos inteligente que tú.

—¿Entonces crees que hay relación entre el tamaño del cerebro y la inteligencia?

—No lo sé, dímelo tú.

—Georges Cuvier, un naturalista del XIX, pensaba que sí, quizá porque él tenía la cabeza muy grande. Todo el mundo se quería probar su sombrero para compararse.

—¿Equivalía al test de inteligencia de la época?

—Más o menos. Pero la cuestión es esta: a un cerebro más pequeño, menos neuronas, ¿no?

—Supongo.

—Menos inteligencia, por tanto —añadió con una sonrisa irónica.

—Pero la inteligencia —me defendí— depende de numerosos factores. De la educación, por ejemplo, de la genética, del ambiente socioeconómico en el que se haya crecido. Tal vez de la eficacia de las conexiones neuronales...

—¿De dónde has sacado lo de las conexiones neuronales?

—Tengo mis propias fuentes.

El paleontólogo recuperó su gorra con una sonrisa de misterio y reemprendimos la marcha. Al entrar en el coche, que estaba muy sucio por las cagadas de los pájaros, me quité las gafas.

—No es necesario que te las quites cuando entres en sitios más oscuros —dijo—. Has alcanzado un estatus social y económico en el que puedes presumir de fotofobia. Cuando a tu edad no se tiene fotofobia, es que no se ha llegado a nada.

Ya en el Nissan Juke, enfilamos la M-11.

—¿Adónde me llevas? —pregunté.

—A un sitio donde vamos a ver si se puede ser inteligente con un cerebro muy pequeño.

Antes de que me quisiera dar cuenta nos hallábamos en el aeropuerto de Barajas.

—¿Nos vamos de viaje? —pregunté alarmado.

—En cierto modo. Un viaje mental.

Tras aparcar en el P-2 y abandonar el automóvil cagado por los pájaros de su barrio, me dijo:

—Este aeropuerto es quizá, en extensión, el más grande de Europa. Tiene más de tres mil hectáreas que constituyen un verdadero parque natural. No te puedes ni imaginar la cantidad de animales que conviven con los aviones. La gente de AENA ha desarrollado un sistema de fauna único en el mundo que compatibiliza la biodiversidad con la maniobrabilidad de las aeronaves.

—Fauna en un aeropuerto, dices. ¿Qué clase de fauna?

—La base trófica son los conejos. A partir de ahí, todo lo que te puedas imaginar: zorros, jinetas, hurones, nutrias, jabalíes, tortugas y toda clase de aves rapaces entre las que, ya lo verás, reina el halcón.

Nos recibieron Ángel del Pazo, responsable del servicio de control de fauna del aeropuerto, y la bióloga Alejandra Alarcón. Con ellos pasamos varios controles de seguridad y recorrimos numerosos pasillos interiores, además de atravesar un descampado, hasta llegar al fin a nuestro destino: un recinto donde criaban a los halcones encargados de la seguridad de las pistas, a cuya entrada había una vitrina con una pequeña muestra de animales disecados.

—La mayoría de las especies de animales que viven en el aeropuerto no son peligrosas para la aviación —nos informó Ángel del Pazo.

—¿Cuáles sí lo son? —pregunté.

—Todas las que no son de aquí. Queremos que en el aeropuerto haya biodiversidad para que esto no quede como un desierto. Para ello, capturamos toda la fauna que aparece en sus instalaciones y diferenciamos jóvenes de adultos. A los adultos los dejamos aquí, y a los jóvenes inexpertos los llevamos fuera. Tenemos unos doscientos pájaros adultos que viven en el aeropuerto todo el año sin causar problemas.

—¿Cuál es el más abundante?

—El ratonero común, pero también tenemos azores, milanos reales, milanos negros, águilas calzadas, cernícalos vulgares...

—Y halcones, por supuesto.

—Por supuesto. Ahora mismo estamos en la halconera.

Cuando nos disponíamos a pasar al interior de la nave, Arsuaga nos detuvo:

—Esperad, esperad, que yo aún no he colocado mi doctrina.

Entonces, señalándome un cráneo de buitre y otro de zorro expuestos en la vitrina, dijo:

—Fíjate que son casi iguales de tamaño y que el tamaño del cerebro por lo tanto es prácticamente el mismo. El buitre pesa unos ocho kilos, y el zorro también.

—¿Y?

—Con esto te quiero decir que las aves son unos vertebrados muy encefalizados.

—¿Son listas, pues?

—Sí, muy listas. ¿Recuerdas las diferencias que te señalé en su día entre encéfalo y cerebro?

—Todo lo que está dentro del cráneo —recité— es encéfalo, de modo que el cerebro es una parte del encéfalo.

—La parte más grande —puntualizó él—, la más visible.

—Dividida —añadí como un buen alumno— en dos hemisferios, el derecho y el izquierdo, unidos por el cuerpo calloso.

—Vale. Las aves, al menos las aves muy grandes, son tan inteligentes como los mamíferos de su tamaño, y en algunos casos más.

—¿El buitre es tan listo como el zorro?

—Y el gorrión como el ratón. Estamos comparando dos tipos de inteligencia. Imagina que el buitre ha evolucionado por su cuenta en un planeta diferente al nuestro, en el planeta de las aves, pese a lo cual tiene cosas comunes con los humanos: un sistema de aislamiento térmico, por ejemplo, las plumas, del mismo modo que los mamíferos tenemos el pelo.

—¿Adónde vamos con todo esto?

—Paciencia. No es fácil de entender que algunas de estas aves tengan unas facultades cognitivas comparables a las de los mamíferos de su tamaño. Los arrendajos, por ejemplo, entierran el alimento y saben si los están observando o no cuando lo hacen. Además, recuerdan dónde lo han enterrado porque tienen una memoria espacial y una capacidad de planificación sorprendentes y comparables, por ejemplo, a las de los grandes simios. Esto te resultará increíble.

—Pues un poco sí.

—No es que un cuervo sea tan inteligente como una rata, el mamífero equivalente en tamaño; es que un cuervo es tan inteligente como un macaco. De hecho, superan a los chimpancés. Las aves, que la mayoría de la población toma por tontas, han alcanzado un grado de inteligencia increíble. Y eso es un problema que tenemos que resolver.

—Define inteligencia —planteé.

—La inteligencia es muy difícil de definir, pero tiene que ver con la memoria, con la planificación, con la capacidad de utilizar herramientas o de reconocerse ante el espejo, y las aves lo hacen. También con la capacidad de comunicarse y con la precisión de su mundo interior.

—De acuerdo —concedí, porque estaba ansioso por entrar a ver a los halcones.

—Ya hemos comentado que ningún animal ve el mundo como es —continuó Arsuaga—. Lo que vemos dentro de la cabeza es una simulación de la realidad, una especie de maqueta, un modelo que fabricamos dentro del cerebro. No puede haber una definición de inteligencia como no la puede haber de bondad. No son conceptos científicos. Algo que no se puede poner en números no es científico. Todo aquello que no se puede matematizar no es científico.

—¿Qué quiere decir que no es científico?

—Que no pertenece al ámbito de lo que hacemos los científicos.

—¿Aunque pertenezca al ámbito de la realidad? —me extrañé—. O sea, que los científicos no os preguntáis por todo el ámbito de la realidad.

—No, pensamos que todo lo que no se puede matematizar es literatura.

—Literatura en el mal sentido de la palabra —añadí.

—Sí, claro. Todo lo demás es mito, pensamiento mágico. Eso es lo que pienso yo como científico: todo lo que no se puede expresar en números pertenece directamente al dominio de la fantasía, de la literatura. La Capilla Sixtina es muy bonita, pero no es ciencia. El *Quijote* es espléndido, pero no es ciencia.

—¿La ciencia no aspira entonces a comprender la realidad en su totalidad?

—Sí.

—Y el sufrimiento, que no es cuantificable, ¿forma o no forma parte de la realidad?

—Si no se puede cuantificar, no se puede abordar científicamente.

—Pero ¿forma o no forma parte de la realidad?

—¿Qué quieres que te diga, Millás? Tus ataques de angustia no son medibles. Si me preguntas si hace frío o calor, saco un aparato llamado termómetro, lo mido y te lo digo. La temperatura, para mí, es la dilatación de una barra de mercurio.

—Hay cosas no cuantificables que existen —insistí—. ¿Por qué no hace la ciencia el esfuerzo de llegar ahí?

—Intenta hacerlo, pero...

—... fracasa.

—No, hombre, tenemos el termómetro.

Ángel del Pazo y Alejandra Alarcón asistían a nuestro diálogo con incredulidad. Se preguntaban quizá cómo habíamos logrado escribir dos libros juntos.

—¿A la ciencia le interesa el amor? —pregunté.

—Estudiamos los niveles hormonales, la oxitocina, que es supuestamente la hormona del amor. Podemos ver tu oxitocina cuando tienes un hijo, por ejemplo... —contestó el paleontólogo.

Le pregunté, impaciente por entrar ya a ver a los halcones, cómo, hablando de la inteligencia de las aves, habíamos llegado a la oxitocina.

—Hemos llegado a la oxitocina —respondió Arsuaga— porque tú quieres llevarme a tu terreno, quieres escribir un libro en el que yo aparezca como un ser insensible, y soy lo contrario: me enamoro como el que más y hago versos malísimos como todo el mundo.

—Pero todo eso pertenece al ámbito de la literatura en el mal sentido de la palabra *literatura*.

—Lo del mal sentido lo dices tú.

—Lo has dicho tú hace un momento.

—¡Nononono! Digo que eso no es ciencia, que es subjetivo, no objetivo.

—De acuerdo —concedí—, lo que no es cuantificable existe. Lo que pasa es que la ciencia no lo comprende.

—Exacto. Eso no quita para que me gusten las cocochas a la donostiarra. Es muy curiosa la postura de la gente de letras al pretender que los científicos no tenemos sensibilidad.

—Yo no he dicho eso.

—¿Sabes lo que estoy leyendo ahora por las noches?

—¿Qué?

—La *Odisea*. Tengo tanta sensibilidad como el más cursi de los poetas.

—¿Por las noches te permites ser cursi?

—Dejémoslo aquí —zanjó Arsuaga.

—Lo que me resulta curioso e interesante —insistí— es que hayamos venido a estudiar la inteligencia y no seamos capaces de definirla.

—Es que no hay ningún *paper* sobre la inteligencia. No se conoce ninguno titulado *La inteligencia de las aves*. Y el problema no es de la ciencia. La inteligencia no se puede definir porque pertenece al dominio de lo coloquial. La mayor parte de las enfermedades se definen por medio de analíticas numéricas. La diabetes, para mí, es una tasa de insulina en sangre, no es un sentimiento. Lo puedo medir. La diabetes como enfermedad de un sentimiento no sé lo que es. Así es como funciona.

—Vale.

—En todo caso, hemos quedado en que las aves son muy inteligentes porque están muy encefalizadas. Ahora bien, ¿cómo es posible que un cuervo sea más inteligente que un macaco siendo más grande el cerebro del macaco que el del cuervo?

—Será —aventuré— que la inteligencia no tiene que ver con el tamaño. No debe preocuparme, en fin, que me venga grande la gorra que te han regalado tus hijos.

—Eso es lo que vamos a ver porque, para más contradicción aparente, el cerebro del macaco tiene neocorteza y el del cuervo no.

—¿Y cómo han conseguido desarrollar las aves todas esas habilidades sin la neocorteza, que es donde residen las capacidades cognitivas?

—Esa es la cuestión —respondió Arsuaga con expresión interrogativa al tiempo de darme un golpe amistoso en la espalda.

Tras este intercambio entre el paleontólogo y yo, al que nuestros anfitriones habían asistido en un silencio algo perplejo, nos adentramos en las instalaciones propiamente dichas, compuestas por cuatro hileras de jaulas grandes, situadas a ras del suelo, en las que descansaban los halcones.

—La demostración de la inteligencia de estas aves —nos explicó Ángel— es que se han adaptado perfectamente a vivir aquí, en un aeropuerto.

—La flexibilidad para adaptarse al entorno —intervino Arsuaga— es un rasgo de inteligencia. Los insectos son mucho más rígidos, su aprendizaje es menor.

—Son más instintivos en comparación con las aves —agregó Ángel—. Las aves tienen curiosidad y aprenden incluso al precio de perder la vida. Hay dos maneras de aprender: que te enseñen o a base de palos. Aquí normalmente aprenden a base de palos.

—Porque la evolución —concluyó Arsuaga— solo aprende de los éxitos. Se dice que los seres humanos aprenden de los errores. La evolución no, la evolución solo aprende de los éxitos. Esto lo hemos comentado más de una vez, Millás.

—El que se adapta —sentenció Ángel— puede vivir aquí. El que no se adapta suele morir y además puede provocar un accidente. Estos halcones son muy inteligentes porque pueden aprender. Nosotros les enseñamos todo lo que queremos.

Cada uno de los halcones, en su celda, permanecía atado a un comedero. El conjunto evocaba el recinto carcelario de Guantánamo que la televisión nos había mostrado tantas veces.

—¿Y cómo les enseñáis? —pregunté.

—Los hacemos volar de manera que no cacen, solo para que espanten a las aves intrusas. No cazan porque tienen la comida asegurada. Queremos que abarquen mucho territorio, mucha extensión. Les pedimos que se alejen y cada vez que lo hacen los premiamos, de modo que ya tienen en su cerebro la idea de que deben alejarse para que los premiemos.

—¿Y siempre vuelven?

—Siempre. Vuelven cuando los llamamos con un señuelo que ellos identifican. Aquí utilizamos una cuerda con un trozo de cuero, pero el señuelo puede consistir en quitarte la gorra o en enseñar una zapatilla, lo que quieras.

—¿Y aceptan de buen grado ser encerrados en la jaula y atados al comedero?

—Sí, la mayoría han nacido y crecido aquí. No conocen otra forma de vida.

—Prueban la libertad, pero no la abrazan —concluí.

—No es una libertad real, la libertad real no la conocen. La suelta, para ellos, no significa la libertad, porque los hemos mecanizado para que hagan eso.

—La realidad que conocen —señaló Alejandra— es esta. Ni se les ocurre ir a cazar por su cuenta.

—¿Y trabajan a turnos —inquirí—, como los empleados del aeropuerto?

—Sí —respondió Ángel con una sonrisa—, en jornadas de ocho horas. Aquí hay cuatro pistas y cada pista tiene asignado un equipo de halcones. Cada técnico de pista se lleva su equipo de halcones por la mañana, y al mediodía vuelve y se lleva al equipo de la tarde. Todos vuelan todos los días.

—Y de ese modo —intervino Arsuaga— se vuelven territoriales.

—Eso es lo que queremos, que se vuelvan territoriales para que, en vez de cazar, expulsen a otras aves que pueden ser peligrosas para los aviones. Lo mejor es volarlos siempre por los alrededores de la misma pista para que la tomen como suya. Si durante mucho tiempo vuelas al halcón por el mismo sitio y no tiene necesidad de cazar porque el sustento lo tiene asegurado, defiende ese territorio de otras aves rapaces, de palomas, de patos... Los expulsa a todos. En cambio, si sueltas a un halcón con hambre, su único objetivo va a ser comer, buscar comida al precio que sea. Si lo sueltas sin hambre, su objetivo va a ser patrullar el territorio, defenderlo porque lo considera propio. Y eso es lo que pretendemos en el aeropuerto.

—Lo defienden de otras especies —repetí.

Incluso de otras aves rapaces, que es lo más complicado. Aquí hay una gran variedad de rapaces: ratoneros, azores...

—Peligrosos para la navegación.

—Los que no son residentes sí.

—Sorprende la mansedumbre de estos animales, cada uno atado a su comedero —pensé en voz alta.

—Y eso que ahora están un poco inquietos porque a Arsuaga y a ti no os conocen. En la jaula del fondo tenemos a los que están criando.

—¿Copulan o se reproducen por inseminación artificial?

—Por inseminación artificial. Es muy difícil que los halcones copulen en cautividad, aunque algún caso hay. La inseminación artificial nos permite también seleccionar a los mejores.

En una de las celdas o jaulas había un águila real que estaba mudando su plumaje. Nos informaron de que la estaban entrenando para cazar animales grandes: corzos o zorros, dos especies que abundaban en el entorno.

—Aunque a los zorros —nos explicó Ángel— preferimos capturarlos. Les ponemos collares y volvemos a soltarlos después de hacerles una vasectomía o una ligadura de trompas.

Mientras hablábamos, el águila nos observaba de lado, por un solo ojo, como suelen mirar las aves. Arsuaga me reveló que la mayoría de ellas carecen de la visión estereoscópica que caracteriza a los humanos.

—¿Qué ven entonces cuando tienen los dos ojos abiertos? —pregunté al intuir que su cerebro no mezclaba, como el nuestro, lo que les entraba por el uno y por el otro.

—Pues una cosa con uno y otra con otro —me ilustró Arsuaga—, como los caballos.

—¿Su cerebro no coordina esas dos imágenes?

—No. No puede. Cuando tú haces fotos 3D has de tener una o dos cámaras que superpongan las imágenes.

—No entiendo muy bien cómo se las arregla el cerebro para albergar dos imágenes diferentes.

—Un caballo pastando quiere encontrar a los leones de un lado y del otro —aclaró Arsuaga—. No le interesa tener una visión tridimensional de la hierba porque no le hace falta. A un león sí. Por eso los leones tienen los ojos más frontalizados. El águila no.

Había en las instalaciones una zona especial que recordaba a los corredores de la muerte de las películas norteamericanas y que estaba constituida por celdas de cuatro paredes opacas a las que se accedía a través de una puerta de hierro que no dejaba pasar la luz y desde las que solo se podía ver el cielo, cubierto por una tela metálica. Se introducía en ellas, durante diez días, a animales que habían sido cazados por las inmediaciones. Pasado ese tiempo sin haber tenido acceso a otro punto de referencia que las nubes o el cielo azul, se desorientaban, y cuando se los volvía a soltar al otro lado de la sierra eran incapaces de regresar.

—Este método funciona muy bien —nos ilustró Ángel—. De hecho, a algunos los marcamos con GPS y comprobamos que la sierra hacía ese efecto barrera.

Entramos luego en una estancia donde nos mostraron las capuchas que colocaban a los halcones. La variedad era enorme y cada una llevaba el nombre de su dueño: Pistola, Presangre, Tokio, Bandolero, Canaria... Algunas estaban hechas a mano. Vistas así, sobre un tablero colgado de la pared, con sus diferentes formas y colores, parecían objetos de boutique.

—¿Qué pasa cuando le colocáis la capucha a un halcón? —pregunté.

—Pues que deja de ver, y cuando un halcón deja de ver se apaga literalmente —indicó Alejandra.

Me volví y vi a Arsuaga con un halcón sobre el hombro. Moviéndose poco, para no molestar al animal, me dijo:

—Mira, este halcón está improntado o troquelado.

—¿Y eso qué quiere decir?

—Quiere decir que piensa que es una persona porque lo único que ha visto desde que ha salido del huevo son personas y ahora, aunque vea a otros halcones, no se siente identificado con ellos. Se identifica con nosotros. Cuando le llegue la hora de reproducirse, buscará a una persona, no a un halcón.

—Nosotros —apunté en broma— también estamos en cierto modo troquelados o improntados...

—Es lo de la oca de Konrad Lorenz —continuó el paleontólogo—, que tiene programaciones genéticas heredadas, instrucciones de conducta. Si lo primero que ve cuando sale del huevo es un tren eléctrico, cree que pertenece a la especie del tren eléctrico porque su programación genética le dice que es el primer objeto que ve cuando sale del huevo. Por eso las ocas siguen al granjero con esa fidelidad. Sería imposible programar a una oca para que reconociera a su propia especie. Su especie es lo primero que ve. Si ve una silla, es una silla. Hasta Konrad Lorenz, se suponía que las personas y los animales nacían sin ninguna instrucción y que todo se aprendía mediante la recompensa o el castigo. Lorenz ganó el Nobel por refutar esa teoría conductista. Tú puedes adiestrar a los animales para que hagan lo que quieras, pero hay unas bases genéticas. No todo es condicionamiento. No todo es ambiental o cultural.

Era mediodía ya cuando visitamos una pista del aeropuerto para observar a uno de los halcones, que estaba cumpliendo su jornada laboral. Se movía de un lado a otro sin tocar las pistas, pero sabía cómo atravesarlas: por debajo del avión cuando el avión estaba alto y por encima cuando estaba bajo. Como algunos de ellos llevan un chip, se pueden seguir todos sus movimientos en un monitor y cumplen las normas con la escrupulosidad de un funcionario ejemplar.

El aeropuerto, ya se ha dicho, tiene más de tres mil hectáreas con una fauna tan variada que podríamos decir de él que se trata de un parque natural. La base de la cadena trófica es el conejo, del que viven los zorros y así de forma sucesiva hasta llegar al avión, que no come nada, pero que es el rey.

—Hicimos un estudio —señaló Ángel mientras observábamos las evoluciones del halcón— del número de zorros que debía haber de modo natural en una superficie de cuatro mil hectáreas sin tener en cuenta el alimento, porque ahora mismo hay muchos conejos, pero dentro de diez años puede haber pocos. Nos dijeron que entre once y catorce zorros. Ahora mismo tenemos controlados once. Uno murió hace nada, de viejo, ya lo era cuando lo capturamos. De los once, ocho son hembras, y a todos los tenemos marcados con collar.

Dos horas después, el paleontólogo y yo nos estábamos comiendo una ración de croquetas, acompañadas de un verdejo, en un restaurante de la Alameda de Osuna, barrio cercano al aeropuerto.

—No te quiero complicar mucho la vida —dijo— porque sé que te aturden los datos, pero quédate con esta cosa tan simple de la que ya hemos hablado en otras ocasiones: de los dos hemisferios que forman el cerebro humano, prácticamente todo es neocorteza.

—Eso ya lo tengo interiorizado —respondí—. Se llama nueva corteza porque es una parte reciente de la evolución, etcétera.

—Pues recuerda esto otro: solo la tenemos los mamíferos. La parte más antigua de la neocorteza se llama, lógicamente, paleocorteza. Es la parte olfativa del cerebro y es minúscula comparada con el resto en los seres humanos.

—Es lo que en términos coloquiales llamamos cerebro de reptil: el cocodrilo. Simplificando, todo lo que no es neocorteza es cocodrilo.

—Exacto. En la neocorteza residen las capacidades cognitivas y está muy desarrollada en los primates superiores, en el ser humano de forma particular. De hecho, sus rugosidades se deben a que ha crecido tanto que ha tenido que encogerse para caber en la caja craneal.

—Siempre creí que esas rugosidades y esos surcos tenían alguna función.

—Y la tienen: la de ocupar poco volumen para caber en un recipiente tan pequeño como el cráneo. Observa esta servilleta de papel —añadió—: desplegada no cabe en la copa, pero si la arrugo entra perfectamente.

El paleontólogo ejecutó la acción al tiempo de explicarla y el resultado fue sorprendente porque la servilleta se asemejó de verdad a un cerebro de papel, con sus pliegues, repliegues y circunvoluciones.

—¿Y cómo es que ese encogimiento no ha dañado al cerebro?

—El cerebro funciona igual liso o arrugado.

—Debe de ser muy flexible.

—Y ahora viene lo bueno —expuso tras elevar la copa de vino—, y lo que ha justificado nuestra salida de hoy: las aves no tienen neocorteza, es decir, les falta la parte cognitiva.

—Y sin embargo, como hemos visto esta mañana, son listísimas.

—Tanto que los córvidos superan en inteligencia al chimpancé.

—¿Y cómo se explica?

—Hasta ahora resultaba inexplicable. Pero la semana pasada salió en primicia un *paper* en el que se contaba que, en efecto, las aves no tienen neocorteza, pero poseen una estructura pequeña a la que llaman palio. Ese palio está compuesto de neuronas minúsculas y muy apretadas, como formando un paquete. Y el resultado de la existencia de ese paquete es que un córvido, incluso un gorrión, tiene más neuronas en su palio que un macaco en su neocorteza. Las aves, en fin, han inventado un sistema que consiste en almacenar muchísimas neuronas minúsculas, apretadas unas contra otras, en una estructura de enorme densidad. No necesitan neuronas grandes porque tienen un cuerpo pequeño. Te diré más: no han dominado este planeta porque no tienen manos. Pero tienen pico, fíjate, y el pico funciona con la precisión de unos palillos japoneses.

—Con unos palillos —apunté al venirme a la memoria la escena de una película— un japonés hábil puede cazar una mosca en pleno vuelo.

—¿Has oído hablar de la paradoja de Fermi? —preguntó Arsuaga.

—Me suena, pero ahora no caigo.

—La enunció Enrico Fermi, premio nobel de física en 1938. Se refiere a la contradicción aparente entre la altísima probabilidad de que existan civilizaciones extraterrestres y que no nos hayamos comunicado con ninguna.

—Es cierto.

—Pues a eso yo respondo que nuestros extraterrestres son los pájaros. Y vamos a pedir algo más, porque me he quedado con hambre —concluyó el paleontólogo.

Cuatro. Una terapia artificial

Soñé que iba por la calle con las gafas de sol que me había regalado Arsuaga tras mi operación de cataratas. Al poco, entraba a desayunar en una cafetería donde el camarero me pidió que me las quitara porque allí estaban prohibidas. Al quitármelas, adquirí una especie de mirada metafísica con la que veía el interior de las cosas. No veía el café con leche que me sirvieron, sino su esencia, ni el cruasán a la plancha, sino su esencia, así como la esencia de las personas que ocupaban el local y la esencia de las mesas, las sillas, la barra, etcétera. Desayunaba, pues, esencia de café con leche y cruasán a la plancha. Al salir a la calle, me puse de nuevo las gafas de sol y todo volvió a la normalidad.

Por la mañana, tras contarle el sueño a ChatGPT, le pregunté si era capaz de analizarlo desde un punto de vista freudiano y me respondió lo siguiente:

> Por supuesto, puedo intentar realizar un análisis freudiano de tu sueño. Recuerda que el psicoanálisis de los sueños se basa en la interpretación simbólica y subconsciente de los elementos presentes en ellos. Ten en cuenta que la interpretación de los sueños es subjetiva y puede variar según cada individuo. Dicho esto, aquí hay una posible interpretación del sueño que has compartido:
>
> En primer lugar, las gafas de sol que te regala un amigo para protegerte de la luz después de una

cirugía de cataratas podrían representar un mecanismo de defensa que has adquirido recientemente en la vida real. Estas gafas simbolizan una forma de protección contra algo que te resulta deslumbrante o abrumador. Freud consideraría que las cataratas representan una falta de claridad o una distorsión en la visión de la realidad.

Al entrar en la cafetería, el camarero te pide que te quites las gafas de sol, lo cual indica que estás en un entorno en el que se te exige una mayor exposición a la realidad sin filtros o barreras defensivas. Al quitarte las gafas, adquieres una mirada metafísica que te permite ver más allá de las apariencias superficiales. Esto puede representar un deseo subconsciente de comprender las cosas a un nivel más profundo, de buscar la esencia detrás de las formas externas.

En este sentido, el sueño puede reflejar un anhelo de conocimiento o un impulso hacia la búsqueda de significado en tu vida. Ver la esencia de las cosas y las personas dentro de la cafetería puede indicar un deseo de trascender las apariencias y conectarte con la realidad subyacente. El desayunar «esencia» puede simbolizar una necesidad de alimentar tu ser interior y nutrirte a nivel emocional o espiritual.

Sin embargo, al salir a la calle, el sol te molesta nuevamente. Esto podría señalar que, aunque hayas tenido momentos de revelación o comprensión profunda, todavía te sientes más cómodo manteniendo cierta distancia con la realidad y protegiéndote de aspectos que te resultan incómodos o desafiantes.

En general, el sueño sugiere una lucha entre el deseo de comprender la esencia de las cosas y la comodidad que brindan la protección y la distancia emocional. Puede ser útil reflexionar sobre tus propias experiencias y emociones actuales para comprender mejor el significado personal de este sueño en relación con tu vida y tus circunstancias individuales. Recuerda que el análisis de los sueños es un proceso subjetivo y personal, y puede ser útil explorar más a fondo tus propios sentimientos y asociaciones en torno a los elementos del sueño para obtener una comprensión más completa.

De inmediato, escribí a Arsuaga un correo para hacerle partícipe del asunto. Le dije que la respuesta, aunque fuera un poco de manual, me parecía extraordinaria viniendo de una IA. «Pienso a veces», concluí mi correo, «que la IA es más lista de lo que creemos, aunque se hace la tonta para que no nos demos cuenta».

Esta fue la respuesta del paleontólogo:

> Me parece asombroso lo que me cuentas. En la novela *Hyperion*, de Dan Simmons, el protagonista va al terapeuta, que es una máquina (aunque lo que oye el prota solo es una voz, sabemos que es una máquina). En un momento determinado el protagonista le dice a la máquina: «Pero qué sabrás tú de sentimientos, si solo eres una máquina». Y el terapeuta contesta: «No estamos aquí para hablar de mí, sino de sus problemas», que es exactamente lo que dicen los terapeutas humanos cuando se les dice algo parecido. En realidad, ¿qué más da? No tiene sentido preguntarse si las máquinas sienten o piensan o tienen consciencia y emociones. No tenemos modo de saberlo. Solo sabemos que ac-

túan como si tuvieran todo eso. Pero nunca lo sabremos. También pueden actuar como si tuvieran empatía y ser más empáticas que los propios humanos.

Abrazos.

Cinco. Yo

Arsuaga me mostraba en el móvil un vídeo de su nieto.

—No sabía que tenías un nieto —dije.

—Pues sí, de ocho meses. Fíjate en lo que hace.

El niño gateaba frente a un espejo apoyado en la pared y que llegaba hasta el suelo. Al no reconocerse en su reflejo, intentaba jugar con el niño del otro lado, quería besarlo, como hacía con sus compañeros de guardería, pero tropezaba contra la superficie dura del cristal y giraba la cabeza hacia el adulto que grababa la escena como en busca de una explicación. Después volvía a intentarlo y se volvía a frustrar, claro, pero no cejaba en el empeño.

—No se reconoce en el espejo porque aún no tiene yo —dijo el paleontólogo.

—Ni falta que le hace —comenté—. Para el budismo, el yo es la fuente del sufrimiento humano. El apego a esa cosa ilusoria denominada yo nos ata al mundo material y por lo tanto al deseo y, en consecuencia, a la insatisfacción.

—¿Lo dices por experiencia propia? —preguntó Arsuaga.

—¿Tú qué crees?

En esto, me vino a la memoria el sintagma «fase del espejo», acuñado por Jacques Lacan para referirse a ese momento del desarrollo, que el psicoanalista francés sitúa entre los seis y los dieciocho meses, en el que el niño se reconoce en el espejo, generalmente con la ayuda de un adulto que le dice: «Ese eres tú». El niño, que va con la cabeza más allá que con sus manos, suele dar muestras de entusiasmo al percibirse por primera vez como una geografía corporal limitada y articulada, pues hasta entonces no había tenido la oportunidad de observarse de arriba abajo, entero.

Intento ahora imaginarme a mí mismo a esa edad, frente al espejo del armario de tres cuerpos del dormitorio de mis padres, que permanecen detrás de mí, asegurándome que el niño del otro lado soy yo. ¿Ese niño soy yo o soy *también* yo?, me pregunto a los setenta y siete, tan perplejo como supongo que lo estuve de crío. ¿Yo, o *también* yo?, esa es la cuestión. ¿Descubrimos al *otro* que llevamos dentro a la vez que nos reconocemos a nosotros? ¿Sospechamos ya en ese instante fundacional de la existencia de un ser ajeno que sin embargo nos habita? Y otra cosa: ese yo recién descubierto ¿se ha ido formando a lo largo de un proceso iniciado al nacer (incluso antes, cuando nuestros padres nos imaginaban) o ha entrado de golpe en nuestra cabeza, como una epifanía o como un cuchillo de cocina penetra en una sandía?

Mientras me planteaba estas cuestiones, Arsuaga continuaba observando el vídeo de su nieto con una sonrisa que oscilaba, me pareció a mí, entre la sorpresa y la incredulidad. Tan absorto se hallaba cada uno de nosotros en su mundo mental que no habíamos reparado en el peligro del golpe de calor que nos acechaba, pues eran las cuatro de la tarde y estábamos dentro de su Nissan Juke (que acabará cayéndosele a pedazos), a coche parado, un día de julio en el que los termómetros rondaban los cuarenta grados y el asfalto de Madrid ardía como si debajo del pavimento estuviera el infierno. Casi podían oírse los gritos de dolor de los condenados.

—¡Pon el aire! —le urgí.

—A ver si funciona —dijo él.

Por suerte, logró encenderlo, librándonos de una muerte segura.

Ya en marcha, le pregunté por nuestro destino y me informó de que nos dirigíamos al Instituto de Salud Carlos III, donde me incluirían en una investigación relacionada con la identidad y el yo dirigida por su colega Manuel Martín-Loeches, catedrático de Psicobiología de la Universidad Complutense de Madrid.

—Vamos a mapear tu cerebro para ver dónde tienes ese yo que causa todos tus sufrimientos —dijo—. Es un experimento que estamos haciendo con un grupo de alumnos, porque son los objetos de experimentación que tenemos más cerca.

—¿Me vais a utilizar de conejillo de Indias?

—Uno de tantos.

Llegamos pronto porque el instituto estaba cerca, al lado de la plaza de Castilla. Conocí enseguida a Martín-Loeches, que me presentó a un joven investigador, Miguel Rubianes, al que le pregunté si me iban a hacer daño.

—No —rio—, te vamos a hacer un estudio del encefalograma con el que mediremos la actividad electromagnética de ciertas neuronas de tu corteza cerebral, aunque prefiero no adelantarte nada para que inicies el experimento sin juicios previos.

—¿Y me vais a decir dónde tengo el yo?

—Lo que intentamos descifrar es qué áreas del cerebro tienen que ver con el yo, contigo mismo, con tu identidad.

—En otras palabras, vais a averiguar dónde estoy yo en el cerebro.

—Más o menos. El experimento es muy sencillo, pero un poco pesado. Te tenemos que cablear toda la cabeza y eso lleva su tiempo.

—Bueno, de momento ya sé que no tengo el yo en la rodilla. Si no, me cablearíais la rodilla.

—Si te pinchan en una rodilla, ¿dónde te duele? —intervino Arsuaga.

—En la rodilla —respondí.

—Pues en realidad te duele en el cerebro.

—Sin embargo —apuntó Martín-Loeches—, el cerebro no duele. Podemos tocarlo tanto como nos dé la gana sin que nos produzca dolor. Es el único órgano que no duele.

—Pero la rodilla tampoco —dijo Arsuaga acentuando aquel cúmulo de contradicciones.

—Ya quisiera yo que no doliese —dije—, porque tengo problemas con la izquierda pese a un tratamiento a base de colágeno y ácido hialurónico que sigo desde hace años.

Sucintamente me explicaron que la fuente de mi dolor estaba en los músculos o en los tendones o en los ligamentos o en los huesos de mi rodilla. Cuando yo me golpeaba una rodilla, los receptores del sistema nervioso situados en ese punto del cuerpo enviaban señales eléctricas al sistema nervioso central, que a su vez las enviaba al cerebro. Este las interpretaba como dolor. El cerebro, en fin, procesaba la información sensorial recibida de esa zona y generaba la experiencia del dolor.

Que el cerebro, insensible al dolor, fuera el responsable de generar la experiencia subjetiva del dolor me resultaba chocante, como si alguien incapaz de amar pudiera escribir hermosos poemas de amor. No era fácil de entender, pero fingí que lo entendía. Llevo toda la vida fingiendo que entiendo, así que tengo práctica.

—De todos modos —apunté—, ya sabía que tengo el yo en la cabeza. Todo el mundo sabe que lo tiene en la cabeza.

—Eso lo dices tú porque eres occidental —intervino Arsuaga—. Estoy elaborando un texto sobre Leonardo da Vinci y resulta que para la gente del siglo XV el yo no estaba en el cerebro. Tú sabes que está ahí arriba porque lo has estudiado.

Compuse un gesto de sorpresa al que Arsuaga respondió enseguida:

—¿Qué te indica que está ahí? —preguntó.

—Yo sé que si me amputas una mano sigo pensando, lo mismo que si me amputas los dos pies o me sacas un ojo.

—Pero también tienes vísceras —dijo—, y si te las quitan te mueres. Tú sabes que el yo está en la cabeza porque te lo han dicho.

—¿Seguro?

—¿Sientes algo en la cabeza cuando piensas? ¿Escuchas ruidos de engranajes o algo parecido?

Tuve que admitir que no, claro, que no escuchaba ruidos, por lo que decidimos pasar a la siguiente fase:

—Estoy a vuestra disposición —manifesté.

Entonces empezamos a recorrer un pasillo en el que nos detuvimos frente a un armario con las puertas de cristal cuyo interior estaba lleno de cerebros enteros, aunque horadados por la tuberculosis, según me explicó Arsuaga. Olía a formol, no sé, o a las sustancias que se utilicen para evitar la descomposición de los cerebros. La imagen me revolvió un poco el estómago y a punto estuve de poner ese malestar como excusa para volver a casa, sobre todo porque al final del pasillo iniciamos el descenso a un sótano húmedo que recordaba (o me recordaba a mí, que era el objeto de la experimentación) a los sótanos de las películas frankensteinianas. Mientras descendíamos, Martín-Loeches me explicaba que tenemos una representación mental de todo aquello que guarda relación con nuestra identidad, trátese de rostros, de objetos personales o de nombres.

Deduje que mis padres y mis hermanos formaban parte de mi esquema identitario. También mis primos o mis tíos, aunque en un segundo plano. En otras palabras, a medida que la relación de parentesco se alejaba, disminuía la sensación identitaria.

—¿Y dices que ocurre lo mismo con los objetos? —pregunté.

Martín-Loeches asintió. Y eso lo entendí muy bien, porque yo estoy rodeado en mi cuarto de trabajo de fetiches que al contemplarlos o tocarlos me devuelven una imagen de mí. Conservo, por ejemplo, el reloj de pulsera que me compré con el salario de mi primer trabajo. En ese reloj hay algo que me concierne y me conmueve como no me concierne ni me conmueve el de un desconocido. También los objetos, pues, actúan como espejos del yo. Con alguna frecuencia he escrito sobre la dificultad que tenemos los seres humanos para desprendernos de la ropa de los seres queridos recién fallecidos, porque en ella están presentes de alguna manera esos seres. Ha de transcurrir cierto tiempo para que el yo del padre o de la madre salga de la chaqueta de él o de los zapatos de ella.

Martín-Loeches confirmaba mis deducciones y me informaba de que habían hecho experimentos con objetos personales.

—Para uno de los participantes —añadió—, uno de los objetos que formaba parte de su yo era un consolador.

—Y el teléfono móvil —dije— se ha convertido ya en una especie de sucursal de nuestra cabeza.

—Tengo un microscopio en el Museo de la Evolución Humana de Burgos —intervino Arsuaga— de la misma serie que el de Cajal. Es probable que lo hicieran el mismo día. Pero no es el de Cajal, aunque mucha gente me lo pregunta porque la gente cree en la magia contagiosa, en que algo de tu personalidad se ha contagiado a los objetos que posees. Hasta los más «civilizados» conservamos restos del pensamiento mágico que se atribuía a los «salvajes».

—No es lo mismo tener las gafas de Cajal que tener unas gafas de cualquiera —corroboró Loeches.

No pude resistirme a informarlos de que yo había escrito un libro de cuentos, o quizá de semicuentos, titulado *Los objetos nos llaman*, que trataba precisamente de esta relación tan curiosa que guardamos con los objetos incluso las personas que no nos consideramos fetichistas.

En esto, llegamos a un cuartucho sin ventilación —una estancia, en fin, algo opresiva— donde había una mesa, una silla y una pantalla de ordenador.

—Si quieres hacer pis —me dijeron—, es el momento. Porque entre que te cableamos y hacemos el experimento pueden pasar fácilmente un par de horas.

Como yo siempre quiero hacer pis, acudí a un pequeño aseo que había en el pasillo del sótano y allí, mientras me aliviaba, pensé en mi vida y en mis objetos. Recordé que Arsuaga me había dicho que mi cuerpo llegaba hasta donde llegaba mi mano, pero no estaba seguro de ello. Mi cuerpo se prolongaba en mi teléfono móvil, por ejemplo, y en mi ordenador portátil y en el cuchillo con el que cortaba el ajo y la cebolla para hacer un sofrito, pero también en el bolígrafo que llevo siempre encima para tomar notas, así como en el cuaderno rectangular que me cabe en el bolsillo del pantalón vaquero, por no decir en los calcetines y en los zapatos, de los que por la noche me da pena desprenderme de tan propios como los siento. Los pies desnudos siempre me han proporcionado una piedad sin límites. ¡Se los ve tan vulnerables! Poseo, en fin, numerosos gadgets con los que guardo una relación emocional de tal naturaleza que en cierto modo constituyen prolongaciones de mi cuerpo, extensiones de mi identidad.

Una vez sentado en la silla que se encontraba frente al monitor, el joven investigador Miguel Rubianes me hizo tres fotos: una en la que debía mostrar una expresión de alegría, otra en la que la expresión debía ser de enfado y una más en la que me solicitó que compusiera un gesto neutro. Al contrario de las otras, esta última, la del gesto neutro, no me costó ningún trabajo.

A continuación, Martín-Loeches y Miguel Rubianes comenzaron a manipularme la cabeza para colocarme los electrodos.

—Parece que me vais a hacer la permanente —dije para disimular los nervios.

—Es que tenemos que ponerte líquidos —me informaron—, uno para limpiar la piel del cuero cabelludo y el otro, que en realidad es un gel, para que haga de conductor de la electricidad. Date cuenta de que pretendemos registrar desde la superficie exterior de la cabeza la actividad eléctrica de tus neuronas, que están dentro.

Llevada a cabo esta operación de limpieza y conducción, me colocaron un casco flexible, semejante a un gorro de baño, en el que había sesenta y cuatro agujeros que correspondían a los sesenta y cuatro electrodos que era preciso repartir por mi cráneo. La operación —no exenta de complicaciones, pues tenían que asegurarse de que los cables registraban mi actividad cerebral— llevó casi una hora. Acto seguido, me mostraron un mando en el que había tres botones.

—Ahora —explicó Miguel Rubianes— te dejaremos solo frente al monitor, en el que se irán alternando de forma aparentemente aleatoria las fotografías que te hemos sacado antes con las de otros dos sujetos. Uno de ellos es un amigo tuyo; el otro, un desconocido.

—¿Quién es el amigo?

—Ya lo verás.

—¿Las del amigo y el desconocido muestran también descontento, alegría y neutralidad?

—Sí, y pueden aparecer en cualquiera de esos estados, sin orden alguno. Cada vez que aparezca una foto tuya debes pulsar el botón número 1; cuando la del amigo, el 2; cuando la del desconocido, el 3.

—Entiendo —dije— que estas imágenes provocarán una actividad neuronal que recogerán los electrodos, y que vosotros registraréis esa actividad en alguna parte.

—Exacto. Pero una de las características de este electroencefalograma, que no tiene nada que ver con el electroencefalograma clínico, que te hacen para ver si tienes un tumor, es que no solo registra la actividad eléctrica de las neuronas, sino también la actividad muscular. La de los ojos, por ejemplo, o la de un apretón de la mandíbula. Por eso los participantes deben permanecer tranquilos, procurando no moverse o no parpadear demasiado al menos durante la presentación de los estímulos, es decir, de las fotografías. Disfrutarás de un par de pequeños descansos para que te estires o cambies de postura.

Dicho esto, salieron y cerraron la puerta, dejándome solo en aquel cuartito sin ventanas. Supuse que ellos permanecerían cerca, registrando mis reacciones en algún aparato conectado al mío. Enseguida se encendió el monitor y apareció la foto en la que yo me mostraba alegre; inmediatamente, una del que resultó ser el amigo (¡Arsuaga!) con expresión de ira; y una más de un desconocido, no recuerdo con qué clase de expresión. A partir de ese instante, las fotos se fueron sucediendo y alternando de un modo impredecible, sin un patrón que yo al menos fuera capaz de adivinar. Al principio, esta ausencia de pautas me generaba cierta tensión, pues cuando imaginaba que iba a aparecer yo, aparecían Arsuaga o el desconocido en sus diferentes versiones, pero con el paso de los minutos se convirtió en un ejercicio monótono que duró unos sesenta minutos. Yo procuraba no equivocarme de botón, pese a que las imágenes se sucedían con cierta rapidez, mientras reflexionaba sobre mis propios gestos y los de los otros dos fotografiados. Me pareció que Arsuaga fingía fatal la rabia (era una rabia como de cómic), pero traté de apartar este pensamiento de mi cabeza por miedo a que me lo estuvieran leyendo en la habitación de al lado. El desconocido era un joven (un estudiante, sin duda) cuyo rostro, tanto si era alegre como triste o neutro, no me decía nada por no resultarme familiar.

Al finalizar la sesión, que me dejó psicológicamente agotado, Martín-Loeches y Miguel Rubianes me mostraron, en presencia de Arsuaga, los gráficos de mi actividad cerebral a lo largo del ensayo al tiempo de explicarme que cuando me veía a mí mismo aparecía en la actividad cerebral un pico que bajaba cuando me enseñaban al amigo (Arsuaga) y que descendía aún más al aparecer en pantalla el desconocido.

—Como puedes ver —me explicó Martín-Loeches—, no hay una frontera radical entre tú y el resto del mundo. La reacción es gradual. Reaccionas con más intensidad cuando te ves a ti mismo que cuando ves al amigo y con menos intensidad cuando ves al desconocido que al amigo. Por eso mismo te decía antes que este experimento se podría hacer también con objetos, mostrándote uno muy familiar; otro algo alejado de ti, y uno más que te resultara del todo indiferente. El estudio que hemos realizado contigo formará parte de un experimento grupal, en el que intervienen otras treinta y dos personas. El caso de cada individuo nos interesa solo en la medida en que la suma de todos arrojará una media de las reacciones de la gente en general. Pero en este gráfico ya puedes observar, y esa es nuestra hipótesis, que dedicamos una cantidad mayor de recursos cognitivos cuando aparece nuestra foto. Esos recursos decrecen gradualmente cuando nos enfrentamos a la del amigo y a la del desconocido. Este efecto se conoce como «sesgo autorreferencial», del inglés *self-reference effect*. En una primera lectura, podemos decir que tu actividad cerebral está en consonancia con la del grupo muestral. Tu patrón de actividad, en fin, es similar a la actividad observada en el resto del grupo.

—De modo —intenté resumir— que he respondido de forma típica ante los estímulos a los que me habéis sometido.

—Sí, aunque la respuesta ante tu propia imagen, si te fijas bien en estas líneas, se eleva por encima de la media del grupo.

—¿Un caso de narcisismo? —preguntó Arsuaga irónicamente—. Es raro, porque Millás lleva años desprendiéndose del yo.

—Con pocos resultados, por lo que veo —tuve que admitir.

Martín-Loeches y Miguel Rubianes rieron. Yo me sentí herido en mi narcisismo al ser calificado de narcisista.

—Conviene añadir —continuó Loeches— que tu respuesta frente al rostro del amigo, o sea, frente al de Arsuaga, también es superior a la media.

—¿Significa que lo aprecio mucho?

—Eso nos parece. En cualquier caso, dentro de unos días recibirás un informe sobre los resultados de tu electroencefalograma para que veas con toda precisión tu lugar dentro de la media.

—Una cosa más —intervine—: cuando me veo a mí mismo, ¿se activa una zona concreta de mi cerebro?

—Sí, la comprendida entre los dos hemisferios de la región parietal. —Loeches señaló el punto en una foto del cerebro.

—¿Ahí tengo el yo?

—Podría decirse.

La respuesta me produjo cierta perplejidad. Me costaba entender que algo tan inmaterial como la identidad tuviera un soporte material localizable. Y tan físico.

—¿Más conclusiones? —preguntó Arsuaga.

—Que Millás tiene la actividad cerebral de un chico de veinte años —respondió Rubianes.

Todos reímos, yo con una modestia entre fingida y real.

—Arsuaga no se lo cree —apunté.

—No, en serio —insistió Rubianes—. La semana pasada vinieron dos chicos de la carrera y estaban medio dormidos. En el registro de Millás está todo superbién.

Después de lavarme la cabeza para quitarme los geles y los pegamentos, el paleontólogo me acompañó a la calle, aunque nos detuvimos un momento en los jardines del instituto, donde me mostró, en lo alto de un pino, un nido gigantesco de un grupo de cotorras argentinas que en unos pocos años ha invadido todos los parques de nuestras ciudades.

—Mira —me dijo—, las especies sociales son las que más posibilidades de éxito tienen. Estas cotorras se están extendiendo por todo el mundo, sobre todo en los medios urbanos, cerca de las grandes concentraciones de seres humanos, es decir, junto a otra de las grandes especies sociales: la nuestra. En el campo, sin embargo, lo pasan muy mal porque ahí fuera no hay tanto cariño. Vienen del hemisferio sur y al principio anidaban en invierno, pero de repente cambiaron y pasaron a criar en verano. Son muy activas y sus nidos pueden pesar toneladas porque anidan en grandes grupos. Constituyen verdaderas colonias en las que cada pareja tiene su «apartamento», porque las aves son monógamas. La inteligencia es propia de las especies sociales, por eso conquistan el mundo. La inteligencia, por sí sola, no es garantía de éxito colectivo. Estas cotorras son muy difíciles de exterminar porque son muy listas y muy sociales a la vez. Componen sociedades complejas en las que el individuo es débil, pero la colonia es indestructible. La razón por la que están aquí es porque las cotorras, los papagayos, los loros y demás tienen lo que se llama el «kit infantil»: cabezas y ojos grandes, picos cortos y aspecto blando. Para los humanos son mascotas atractivas. De hecho, se hacen muchos peluches de ellas. En fin, que se han asociado con nosotros porque nos gustan, y nos gustan porque les encontramos rasgos infantiles. Te lo digo porque este verano vamos a ir a la playa para observar a otra especie social, que es el ser humano. Vamos a viajar a la Prehistoria porque la gente, en la playa, está prácticamente en pelota y en familia.

A los pocos días recibí el informe con los resultados de mi electroencefalograma, titulado «Electrofisiología cerebral asociada al procesamiento de la identidad personal».

Destacaba, en primer lugar y como ya me habían anunciado, que mi respuesta cerebral al verme a mí mismo fue superior a la que solía mostrar la mayoría de la gente, lo que indicaría la gran importancia que le daba a mi imagen, a mi concepto, a lo relacionado conmigo mismo. Me pregunté cómo se lo explicaría a mi profesora de yoga mental y decidí que se lo ocultaría.

En cuanto a mi respuesta cerebral cada vez que aparecía el rostro del amigo (Arsuaga), se hallaba en una posición intermedia entre aquella que se producía ante mi foto y la del desconocido, pero resultaba bastante alta también con relación a la media. Significaba que le tenía al paleontólogo un aprecio que no sabía si era correspondido, pues él no se había sometido al mismo experimento o, si lo había hecho, me lo había ocultado. Sentí ante la situación una suerte de despecho que me dispuse a combatir recordando, por ejemplo, que me había regalado unas gafas de sol de doscientos euros tras mi operación de cataratas. Eso debía de significar algo.

Pero lo que este registro venía a revelar, en resumidas cuentas, era que lo familiar también formaba parte de nuestro yo, de las redes que lo componen. En otras palabras, compartimos información en la memoria sobre las personas que conocemos, aunque no tiene la misma relevancia que la que se refiere a nosotros mismos.

Esta actividad relacionada con el YO (y en parte con familiares y amigos) —añadía el informe— parecía originarse en regiones del cerebro que eran importantes para el conocimiento personal de uno mismo y de los allegados, y para situarnos en el mundo social y entender la realidad exterior.

Telefoneé a Arsuaga para preguntarle si le habían enviado el informe.

—Sí —dijo—, y he confirmado que tienes un problema de narcisismo.

—Pero también reacciono de un modo exagerado cuando veo tu imagen, lo que habla del afecto que te tengo.

—Ya —se limitó a responder.

—¿Por qué no te has hecho tú también el electro?

—¿Quién dice que no me lo he hecho?

—¿Y con qué resultados respecto al narcisismo?

—Ja, ja —rio—. Es un dato muy personal.

Seis. Nadie es perfecto

El cerebro humano pesa un kilo y medio aproximadamente, y cabe dentro de una boina. Aunque su espesura varía de unas zonas a otras, incluso en las de más grosor se podría medir en milímetros. Descender, sin embargo, desde su corteza hasta sus profundidades no implica menos riesgos ni menos sorpresas que la exploración de las zonas abisales del océano. A mí me recuerda, por su forma, a una hogaza de pan blanco de tamaño medio o pequeño, y lo cierto es que está para comérselo: nos lo comíamos de hecho hasta hace poco, en nuestra época caníbal. Los sesos de cordero, que rebozados en harina y huevo forman parte aún de nuestra dieta, son ricos en proteínas y vitaminas, entre estas últimas la B_5, muy buena, dicen, para combatir el estrés y las migrañas y reducir el colesterol.

Un cerebro parece poca cosa, pero reúne las complejidades de un país del tamaño de Rusia, por hacernos una idea. Está lleno de accidentes geográficos, de regiones y subregiones especializadas en diversas funciones cognitivas, así como en el procesamiento de nuestras capacidades visuales, auditivas, táctiles o del habla. Otras están relacionadas con la planificación y ejecución de movimientos, el pensamiento abstracto, la memoria, las emociones, etcétera, etcétera, etcétera. Mucha burocracia, en fin, muchos departamentos, mucho papeleo. La descripción territorial de esta víscera podría ocupar, en un volumen de bolsillo, más espacio del que ocupa dentro del cráneo. Para los interesados, hay en internet, a precios asequibles, una variedad extraordinaria de cerebros de plástico desarmables. Me compré uno de muchos colores y jugué a desmontarlo y a montarlo como el niño que rompe un juguete e intenta después reconstruirlo sin que sus padres se den cuenta de que en esa operación está construyendo y deconstruyendo metafóricamente el mundo a fin de comprenderlo. Yo no logré comprender el cerebro (ni el mundo), de modo que le puse un mensaje a Arsuaga, que estaba en Atapuerca, como siempre en el mes de julio, para proponerle un encuentro por Zoom. Conectamos a la caída de la tarde. El paleontólogo acababa de llegar del yacimiento, donde se había pasado horas agachado en el interior de una cueva, y tenía una rodilla fastidiada. Además de dolorido, se le veía sucio y feliz.

—Aún no me he duchado —dijo para justificar su aspecto—. ¿Qué pasa?

—Nada, que he perdido unas notas de algo muy inquietante que me dijiste acerca del cerebro y no logro dar con ellas.

—¿Qué te dije?

—Algo así como que el cerebro vive en un cuarto oscuro.

Arsuaga acercó el rostro a la pantalla. Tenía barba de tres o cuatro días. No logré distinguir nada del lugar desde el que se había conectado, pero intuí, por lo poco que se apreciaba de las paredes desnudas y de la deficiente iluminación, un sitio austero, como la celda de un monje o de un preso. Yo le hablaba desde la terraza de mi casa de Asturias, rodeado de plantas.

—Dame un segundo —dijo, y se esfumó.

Escuché una tos, un ruido de puertas y lo que me pareció el rumor de una conversación urgente. Imaginé que le estaba diciendo a alguien: «Es el pesado de Millás, pero lo liquido enseguida». Medio minuto después volvió a aparecer su cara.

—Toma nota —dijo de forma un poco apresurada—: Lo que somos y sentimos y pensamos los humanos reside en nuestros hemisferios cerebrales, concretamente en la neocorteza, de la que ya hemos hablado en otras ocasiones.

—No importa, dime algo nuevo de ella —dije yo para ralentizar la charla.

—Se trata de un tejido nervioso —continuó algo acelerado— que solo tenemos los mamíferos. Por lo tanto, cabe suponer que todos los mamíferos nos parecemos mucho y que todos somos sintientes y tenemos una mente. Pero no todos los mamíferos tienen la neocorteza tan desarrollada como nosotros, los humanos. En cuanto a los reptiles, solo tienen paleocorteza. No tenemos ni idea de cómo es eso de no tener neocorteza, así que no sabemos qué piensa un cocodrilo.

—Acabas de decir —intercalé— que todos los mamíferos tenemos mente y creo que no has utilizado la palabra *mente* como sinónimo de cerebro, sino como algo distinto, aunque el cerebro sea su soporte biológico. Te insisto en esto porque no logro comprender cómo un conjunto de reacciones electroquímicas puede dar lugar a un ataque de angustia, por poner un ejemplo. No comprendo cómo se da ese salto de lo que se toca, es decir, de las neuronas, a lo que no se toca: los sentimientos. He investigado un poco y hay gente que define la mente como una «propiedad emergente del cerebro». Me parece una frase afortunada, pero no aclara el asunto.

El paleontólogo resopló, volvió a levantarse, volvió a abrir una puerta, volvió a murmurar algo y volvió a la pantalla.

—Lo de «propiedad emergente» —dijo— es una fórmula que usamos los científicos para eludir hablar de algo que no entendemos.

—¿Y por qué no os limitáis a decir que no lo entendéis?

—Porque nadie es perfecto. Mira, un sistema es más que la suma de sus partes. Eso es lo que se conoce como «emergentismo» o «propiedad emergente». Cuando los componentes de un sistema alcanzan cierta complejidad y actúan entre sí, pueden surgir propiedades que no estaban, por separado, en ninguno de sus componentes y que no eran deducibles por tanto de los elementos de ese sistema.

—Ponme un ejemplo.

—La vida: una célula tiene propiedades que van más allá de las propiedades de las moléculas individuales que la forman. En cada salto de complejidad del sistema, aparecen propiedades nuevas. En ese sentido, se suele decir que la mente, siendo el resultado de un conjunto de reacciones electroquímicas, es mucho más que esas reacciones. Ahí tienes una propiedad emergente. Pero eso, aparte de no aclarar nada, tampoco sirve para explicar tus ataques de angustia.

—Pues no.

—El término *mente*, además, es polisémico. Puede significar la capacidad de crear un modelo del mundo exterior. Puede aludir a la perspectiva individual o personal del mundo, como cuando dices: «Mi mente me dice esto». Pero la mente es también la «sintiencia», o sea, la capacidad de experimentar emociones.

—¿Y las emociones cómo se producen? —insistí.

—¡No lo sé! No sé cómo se produce la experiencia subjetiva del dolor, del placer, de la ansiedad, del miedo, la ira, la frustración, la tristeza... ¡No lo sé yo ni lo sabe nadie!

Me pareció, por el tono en el que enumeró las cosas que ignoraba, que empezaba a irritarse, pero yo seguí a lo mío, porque la dualidad cerebro/mente me trae loco.

—¿No podría tratarse de un mecanismo adaptativo? —pregunté—. Si no sintiéramos calor, no retiraríamos la mano del fuego.

—Tampoco está claro. Se dice que es bueno sentir frío porque de ese modo te abrigas, pero el termostato de mi casa enciende la calefacción cuando la temperatura baja sin necesidad de que el termostato experimente la sensación de frío. Y mi móvil me avisa cuando se está quedando sin batería para que lo cargue, pero mi móvil no tiene ni idea de lo que es el hambre. Las máquinas, en fin, actúan como si tuvieran nuestras experiencias subjetivas sin necesidad de padecerlas. ¿Por qué las tenemos nosotros? ¿Cuál es su utilidad práctica? Ni idea. Lo que sí sabemos es que las regiones del cerebro implicadas en las emociones son regiones muy antiguas evolutivamente hablando. Así que cabe pensar que las tenían nuestros antepasados reptilianos. Ya ves, Millás, estás en manos del cocodrilo que llevas dentro, recuérdalo la próxima vez que te cabrees. No eres tú el que lo ve todo rojo de repente, es el cocodrilo.

—Recuérdalo tú, que eres más propenso a cabrearte —señalé.

—¿Cuándo nació la autoconsciencia? —continuó él sin inmutarse—. ¿Era eso, en definitiva, lo que me preguntabas?

—Te preguntaba cómo nacen los sentimientos, que viene a ser lo mismo, y ya me has dicho que no tienes ni idea, pero dime cuándo.

—Ese es el gran misterio al que nos enfrentamos.

—Otro gran misterio, querrás decir. Es el segundo del día.

—De acuerdo, pero ya hablaremos de esto, que a mí me gusta llamar el «despertar», en otro momento. Ahora te tengo que dejar.

—Espera, espera. Empezamos esta conversación porque yo había perdido unas notas en las que me hablabas de la caja negra en la que habita el cerebro.

El paleontólogo miró hacia atrás, hacia donde yo suponía que había una puerta, como dudando si levantarse de nuevo o no. Finalmente, se dirigió a mí:

—Venga, apunta, y no vuelvas a perder los papeles. El cerebro está encerrado en la caja negra del cráneo. Digo que es negra porque no le llega la luz, pero tampoco le llegan los sonidos. El cerebro no oye nada, no ve nada, no huele nada, no toca nada y no saborea nada. Es lo que los neurofilósofos anglosajones llaman *brain in a vat* (el cerebro en un frasco o en una cubeta) para referirse a un experimento mental muy conocido.

—¿Qué experimento es ese?

—Imagínate que cogemos un cerebro, lo sumergimos en un recipiente de líquido cefalorraquídeo y lo conectamos a un circuito sanguíneo para que tenga las mismas condiciones que tendría en el interior de un cráneo. ¿Qué pasaría?

—No lo sé. ¿Qué pasaría?

—Pues que si a ese cerebro, por medio de un ordenador conectado a él, le mandáramos estímulos de cualquier tipo...

—De cualquier tipo no. Dime uno concreto.

—Que le hiciéramos creer que su dueño está jugando al baloncesto, por ejemplo. En tal caso, el cerebro actuaría como si estuviera jugando al baloncesto. Creería que está actuando en una realidad que es completamente ilusoria. Como te digo, esto es un experimento mental (no se ha llevado a cabo), que sirve para poner en cuestión el concepto de realidad y para preguntarse si experiencias que tomamos por reales podrían ser meros espejismos.

—Vale. Pero decías algo muy inquietante: que el cerebro está encerrado en una caja hermética; el cráneo, que lo aísla absolutamente de la realidad. No oye nada, no huele nada, no toca nada y no saborea nada. ¿Cómo se entera entonces de las cosas?

—Toda la información exterior le llega a través de las terminaciones nerviosas que vienen de los órganos de los sentidos. A partir de esa información, el cerebro construye una réplica del mundo exterior, un modelo, una maqueta, una representación, en suma, con los objetos a escala y manteniendo las relaciones espaciales entre ellos.

—El mundo exterior —apunté— ¿podría, pues, ser diferente de como lo imaginamos?

—Sin duda, porque nosotros tenemos una visión macroscópica de la realidad. No podemos percibir el campo magnético de la Tierra, por ejemplo, como hacen algunas aves migratorias, ni movernos en la oscuridad emitiendo ultrasonidos, como hacen los murciélagos, ni vemos la radiación ultravioleta, como los insectos...

—Pero no tropezamos contra el quicio de las puertas ni contra los árboles del campo, ni metemos los pies en los charcos —añadí.

—Exactamente. Nuestra representación del mundo no debe de ser tan mala, puesto que hemos evolucionado para llegar a ser lo que somos. Nuestra maqueta no representa todo, pero abarca lo que es imprescindible para nuestra supervivencia. Todas las especies tienen maquetas parciales pero exactas del mundo exterior.

—¡Esa parcialidad es lo que nos mantiene en la ignorancia! —exclamé.

—Pero esa parcialidad es lo que ha mandado al carajo todas las teorías de los filósofos escépticos de que no podemos saber qué hay ahí fuera. ¡Claro que lo sabemos! En caso contrario, nos comerían.

—¿Quiénes?

—Cualquiera. Los leones, pongamos por caso, porque los leones son reales, están ahí fuera, al otro lado de la caja craneal. En otras palabras: aunque el cerebro esté tan aislado, se entera bastante bien de cómo es el mundo exterior. Y, para terminar, que me voy corriendo a la ducha, toda la información sensorial que llega a nuestra neocorteza pasa por el tálamo, que es como la Gran Estación Central de Manhattan. Con una excepción: las fibras olfativas no van a la neocorteza, sino que siguen yendo a la paleocorteza, como en los reptiles, y también a la amígdala. Recuerda lo que dijimos al hablar de la magdalena de Proust.

—Lo recuerdo —dije.

—Pues hasta otra —concluyó él, y cerró la conexión.

Cogí entonces mi cerebro de plástico y le busqué el tálamo, que era una pieza con forma de huevo. Arsuaga tenía razón: tanto por su tamaño como por su situación estratégica, en el centro mismo del cerebro, bien podía compararse con una estación central o con un intercambiador de autobuses.

Siete. Un ataque de relevancia

A mediados de julio, el paleontólogo abandonó el yacimiento de Atapuerca para encontrarse conmigo en la Universidad Internacional Menéndez Pelayo de Santander a fin de inaugurar un curso de verano sobre la divulgación científica. Tras el encuentro con el alumnado, al que tratamos de explicar, quizá con poco éxito, que lo que hacíamos nosotros no era divulgación, nos escapamos a la playa. A la del Sardinero, que estaba allí mismo; de hecho, salimos en bañador desde el palacio de la Magdalena, sede de la universidad, y fuimos dando un paseo hasta alcanzar las primeras escalerillas que nos permitieron descender a la arena.

Los días luminosos del Cantábrico son doblemente luminosos, pero yo había olvidado mis gafas de sol y aquel fulgor de media mañana me molestaba mucho debido a mi reciente operación de cataratas. Arsuaga notó mi incomodidad y me ofreció las suyas, que acepté de inmediato no sin reparar en el carácter simbólico de este trasiego de gafas y de miradas que había empezado a producirse entre el paleontólogo y yo.

Ganamos enseguida la orilla, por la que comenzamos a caminar con el agua por los tobillos. El mar estaba tranquilo, con bandera verde, y el agua, templada, por lo que había mucha gente disfrutando del baño. Los cristales de las gafas de sol dotaban al paisaje de un tono ligeramente amarillo, como el que imaginamos (o imagino yo) que debe de quedar en el aire tras una explosión nuclear. Resultaba curioso que el simple hecho de poner un filtro entre los ojos y la realidad lo convirtiera a uno en otro. Yo era yo, desde luego, pero había algo de mí que me resultaba ajeno. Quizá gracias a esa extrañeza adquirió el ambiente playero cierta calidad alucinatoria.

Advertí enseguida que estaba sufriendo un ataque de «relevancia». Así me refiero a las situaciones en las que adoptas una consciencia excepcional de cuanto te rodea. Me fijé en una joven madre que jugaba con su hijo pequeño dentro del agua, y era capaz de ver no ya sus evoluciones, sino la geometría invisible que se dibujaba detrás de sus movimientos aparentes. Distinguía la trayectoria de los cabellos de la mujer cuando agitaba la cabeza, así como las gotas de agua que salían despedidas de su melena. Digamos que percibía, a la vez que sus gestos, el mecanismo interior de aquella dinámica de brazos y piernas que se convulsionaban al ritmo de sus risas.

También era consciente de la brisa que inervaba cada centímetro cuadrado de mi piel, y del contacto de esta con el agua y la arena, así como de los estímulos que me llegaban a través del oído y del olfato, y hasta del gusto, pues el aire estaba impregnado de la salinidad del mar. Los pocos sentidos de los que disponemos se ejercitaban al cien por cien de sus posibilidades y era tal el grado de sincronicidad y armonía que cada uno mantenía con los otros que resultaba imposible no evocar la relación de los instrumentos musicales en una orquesta. Al recordar que toda aquella escena se daba en realidad dentro de esa pequeña víscera que llamamos cerebro, aislada del mundo por la caja craneal y las sucesivas membranas protectoras en las que permanece envuelta, me acometió la idea de hallarme en el interior de una alucinación en la que yo mismo era un objeto ilusorio.

—Pareces abstraído —dijo el paleontólogo.

—Desde que me hablaste del cerebro como de una especie de espejo vivo, encerrado en una caja negra, aunque hábilmente conectado con el exterior por medio de los sentidos, pienso en la realidad y en mí mismo de otro modo, como si hubiera algo de delirio en cuanto nos rodea.

Arsuaga me miró con expresión irónica:

—Son las gafas —dijo—, los cristales tienen una coloración especial.

—Será eso —accedí.

—Ahora —continuó él—, fíjate en lo que tenemos alrededor: sombrillas y toallas que demarcan territorios que todo el mundo respeta. Como te decía antes, en el mundo urbano, una playa es lo más parecido a la Prehistoria. Hay alguna persona aislada, pero por lo general a la playa se viene en grupo. Los niños corren y gritan porque aquí se sienten asilvestrados, libres de los corsés educativos que les ponen en otros ámbitos, mientras que los adultos están entregados al ocio. Es un buen sitio para hacer observaciones sobre lo humano. Fíjate en los cuerpos que entran y salen del agua. Algunos parecen dioses o diosas. Este hombre que viene hacia nosotros, pese a su edad, es un dios, observa sus pectorales, se nota que se cuida.

—Sí —admití con nostalgia; no era mi caso.

—Todo parte del hecho —siguió Arsuaga— de que éramos cuadrúpedos que se pusieron en pie. Ya hemos dicho en alguna ocasión que las hembras de los chimpancés, cuando están receptivas porque ovulan, lo anuncian al exterior con un semáforo, una hinchazón de color rojo que rodea el ano y la vulva. Eso indica que están ovulando y dispuestas.

—Eso y los efluvios olfativos, supongo.

—Quizá, pero los chimpancés no son muy olfativos. Todos los primates superiores tenemos un cerebro más visual que olfativo. No digo que no haya olfato, pero no es lo fuerte. Las aves tampoco son olfativas. Son audiovisuales. Se comunican por medio del canto y el color, igual que los primates.

—Ya —admití prestando una atención especial a lo que entraba por mis ojos y por mis oídos. El ataque de relevancia no cesaba.

—Aquí, para empezar, hay una diferencia. Adivina cuál —me retó el paleontólogo.

—Ni idea.

—No sabemos qué hembras están ovulando, no hay forma de saberlo porque no hay signo exterior que lo delate. Esto, a un chimpancé, le sorprendería. ¿Cómo es posible que no haya ninguna hembra en celo?, se preguntaría, ya que ninguna tiene el semáforo que lo anuncia. Para él, serían todas lactantes porque tienen el pecho abultado.

—¿El término *lactante* sirve lo mismo para el que lacta como para la que da de lactar? —pregunté.

—Sí, míralo luego en el diccionario. En la naturaleza, las lactantes no ovulan. Pasan cuatro años entre periodo de celo y periodo de celo, sumando el embarazo a la lactancia, y a menudo la separación entre partos en los chimpancés es mayor, de cinco años. Una de las ventajas de nuestra especie sobre los grandes simios es que nuestros antepasados tenían los partos más seguidos, es decir, parían más hijos.

«La lactancia como anovulatorio», anoté.

—Una mujer occidental sí puede quedarse embarazada dando de mamar, aunque no es lo normal, porque la comida de que dispone es prácticamente ilimitada, pero en la naturaleza no; en la naturaleza las lactantes no ovulan porque no disponen de suficiente energía para las dos cosas. Pues bien, la primera característica de la especie humana es que la ovulación no se anuncia, se oculta. Se dice que el celo es continuo, que las mujeres son sexualmente activas de forma ininterrumpida...

—¿No sabemos cuándo están en disposición de quedarse embarazadas porque no sabemos cuándo ovulan?

—Tienen la regla y un periodo entre reglas, pero no sabemos exactamente cuándo ovulan dentro de ese periodo, no tenemos ni la menor idea, no lo saben ni ellas.

—Pero tienen la regla cada veintiocho días —señalé.

—Si fuera así de regular, sería muy fácil evitar la concepción, pero el método Ogino falla más que una escopeta de feria.

—El mundo —añadí— está lleno de hijos de Ogino. Yo soy uno de ellos, sin duda.

—Así pues, las mujeres tienen la posibilidad de quedarse embarazadas entre dos reglas, pero no resulta fácil saber en qué momento de ese periodo. Las que quieren quedarse embarazadas y no lo consiguen utilizan métodos auxiliares, como el de la toma de la temperatura, para ver qué días son los más fértiles, etcétera. Pero si hubiera un método realmente fiable para averiguarlo, los anticonceptivos no tendrían sentido. Se trata, en fin, de una cuestión probabilística. Si juegas a esa lotería todos los meses, antes o después te toca.

—¿Y bien? —introduje para acelerar la conversación, pues no tenía muy claro adónde quería ir a parar con todo aquello. Además, había olvidado también el magnetofón y tenía que ir tomando notas con el bolígrafo en un cuaderno cuyas hojas se llenaban de salpicaduras cada vez que alguien entraba o salía corriendo del agua cerca de nosotros.

—Primer dato —señaló Arsuaga—: aquí no sabemos quién está ovulando.

—Ni falta que nos hace —apunté yo.

—Esto —continuó el paleontólogo— tiene que ver seguramente con nuestra biología social. Las hembras de los chimpancés, al contrario que las mujeres, carecen de senos prominentes. Solo adquieren algo de volumen cuando dan de mamar.

—Entonces, la playa es un espacio reservado para mujeres lactantes. Se preguntarían qué rayos hacemos aquí tú y yo.

—De hecho, se lo preguntan todos los que se cruzan con nosotros cuando te ven escribir en ese cuadernito. No es normal ver a un tío al lado de otro tomando notas en la playa. Habría sido más discreto el magnetofón.

—Lo olvidé, ¿qué quieres que haga?

—Olvidaste el magnetofón y olvidaste las gafas..., en fin. Biología social, decíamos. Las mujeres no anuncian que están ovulando porque ya disponen de una pareja con la que tienen sus niños. La chimpancé, en cambio, es promiscua. Cuando está en celo, podría gozar de treinta cópulas diarias con otros tantos machos diferentes, aunque los grupos de chimpancés no suelen tener tantos. Lo que quiero decir es que pueden copular con todos los individuos sexualmente maduros que haya en el grupo. Por eso debe anunciar que está receptiva. Aunque no me gusta utilizar el término *promiscuo*, porque viene de la moral y parece que estamos criticando a la chimpancé.

—No es políticamente correcto —admití.

—¿Qué interés —insistió sin embargo Arsuaga señalando a una joven que salía del agua— podría tener esa mujer en informarnos de que está ovulando?

—En informarnos a ti o a mí, desde luego, ninguno. Además, tradicionalmente, y hasta hace muy poco, todos estos asuntos quedaban relegados a la intimidad. Se censuraban. Yo trabajé muchos años en una oficina y jamás oí decir a una mujer que tenía la regla, por ejemplo. Ahora se habla de la regla hasta en el Congreso.

—La regla es un fenómeno exclusivo del primer mundo —aclaró Arsuaga—. En las sociedades en las que no hay métodos anticonceptivos enlazan un embarazo con otro. Y durante el embarazo, lógicamente, no la tienen. Paren y se pasan otros tres años de lactancia y sin ovular porque la lactancia, como hemos dicho antes, es un anovulatorio. Luego tienen un ciclo y se vuelven a quedar embarazadas. No hay regla. Esto, si lo piensas, tiene mucha miga.

—Jamás lo habría imaginado.

—Pues es así, un fenómeno del primer mundo. Y relativamente moderno porque hasta hace no mucho una mujer del primer mundo tenía diez o doce hijos...

—Los que «mandaba el Señor», decían mis padres sin saber que los mandaba Ogino.

—¿Cuántos hermanos fuisteis?

—Nueve. Además, que yo recuerde, mi madre tuvo dos o tres abortos. Espontáneos, claro.

—Lo que te decía: una mujer que tenía diez o doce hijos no tenía muchos más de doce ciclos. Toma nota de esto, porque parece que hay una relación entre cáncer y cantidad de ovulaciones. Me lo dijo un médico español que dirige la clínica más importante de Estados Unidos dedicada al cáncer de mama. Hay un *paper* en el que ellos comparaban la incidencia del cáncer de mama en mujeres de los años cincuenta, granjeras de Iowa muy tradicionales y que habían tenido muchos hijos, con mujeres que no habían concebido nunca, y la incidencia del cáncer en estas últimas era estadísticamente mayor. Y parece que también lo es en las monjas, lo que es obviamente congruente con la hipótesis.

En ese momento atravesaron el cielo, incongruentemente, aunque con gran estrépito, dos aviones de combate.

—¿Estar ovulando sin cesar sería antinatural? —pregunté.

—Digamos mejor que es un fenómeno reciente en la historia de las mujeres. En cada ciclo intervienen un montón de hormonas. El cuerpo se revoluciona muchísimo.

—Pues mi madre, la pobre, se murió de cáncer después de haberse pasado la vida pariendo y dando de mamar.

—No tiene que ver. Pero nos hemos desviado. Te decía que cuando adoptamos la postura bípeda, al ponernos de pie, expusimos el sexo a la vista.

—Y ahí —apunté yo— nació la idea de la castración.

—¿Por qué?

—Porque el ser humano tiene la manía de cortar todo lo que sobresale.

—Eso no es muy científico.

La marea había subido mientras caminábamos, obligándonos a acercarnos cada vez más a la gente que se encontraba en la playa, sin abandonar por eso la orilla. La orilla, pensé desde mi estado alucinatorio, era móvil, quizá todas lo fueran.

—Y bien —continuó Arsuaga—, al ponernos de pie expusimos nuestro sexo.

—Lo expusimos en todos los sentidos —añadí yo—, quizá por eso la desnudez nos violente tanto.

—Imagina un caballo de pie —recalcó él—, enseñándolo todo, nos resultaría extraño. Nosotros es que somos una especie muy rara. Los escultores griegos solucionaban el asunto haciendo penes infantiles en sus obras, y escrotos también pequeños. El de pene pequeño es el modelo apolíneo. El dionisíaco es el de falo erecto, muy visible. Se mueven entre esos dos extremos. Cuando quieren mostrar la armonía, el equilibrio, el orden y la belleza, utilizan el pene pequeño. Cuando el desorden, el descontrol, la orgía, la alegría o la música, el pene erecto.

—El caso es que somos una especie que va con el pene al aire.

—El pene humano no es más largo que el de un chimpancé o un gorila. No destaca por su longitud, pero sí por su grosor y por el glande, que es considerable también. ¿Por qué? ¿Acaso el pene no es un obstáculo para correr?

—Creo que sí —dije—. De hecho, las tribus primitivas se lo inmovilizan con algún tipo de prenda, quizá no tanto para ocultarlo como para sujetarlo.

—Pues bien, desde aquí —anunció Arsuaga con cierta carga retórica— doy un salto para afirmar que el hombre es un producto de la selección sexual. ¿Recuerdas el asunto de la selección sexual?

—Sí, Darwin afirmaba que había una serie de rasgos que carecían de función ecológica, que no eran adaptativos: la cola del pavo real, por ejemplo, y que por lo tanto debían tener algún tipo de función distinta. Si no servían para la supervivencia, tenían que tener otra utilidad: la de que te seleccionaran para follar.

—Eso es. Darwin pensaba que la selección sexual, en nuestra especie, la habían hecho los hombres. Luchaban entre ellos, como los machos de otras especies, y el dominante escogía a la mujer más atractiva, según el criterio del grupo, y se reproducía con ella.

—¿Y no fue así?

—Si eso fuera cierto, el resultado sería el de unos hombres muy agresivos. Si los hombres hubieran competido por las hembras (nos estamos refiriendo a la Prehistoria), los hijos habrían heredado esa competitividad y los hijos de los hijos serían aún más agresivos porque se iría seleccionando en cada generación a los más violentos. Los hombres seríamos unas fieras, en fin, como fruto de esa competición permanente por las hembras. No podríamos coexistir. Ahora supongamos que son las mujeres las que seleccionan a los hombres.

—¿Crees que elegirían hombres pacíficos? —pregunté.

—Cooperativos, hombres cooperativos. Esto produciría a largo plazo mejores hombres, porque escogerían a los que más colaborasen en el cuidado de las crías, serían hombres más tolerantes, menos agresivos.

—Más tiernos también.

—Sí, porque es lo que conviene para sacar adelante a unas crías de desarrollo lento, que necesitan muchos cuidados y que, si no se utilizan métodos anticonceptivos, vienen muy seguidas.

—Bien, pero veníamos de los penes anchos y los glandes grandes...

—Claro, es que el pene grueso y el glande enorme no son incompatibles con el carácter cooperativo. Así que, al tiempo de escoger al hombre más cooperador, se procuraba que produjera también más placer a la hora del coito.

—De ahí —deduje yo— que la evolución no haya reducido el tamaño de ese trasto que es un incordio para correr y subirse a los árboles.

—Ahí lo tienes. El pene ancho y el glande grande no son adaptativos; tampoco lo es la cola del pavo real, que estorba para todo, menos para ser seleccionado por la hembra. El pene ancho y el glande sobresaliente proporcionan más placer a la hembra. El orgasmo femenino es esencialmente humano, es una conquista de la mujer.

—¿Quieres decir que en el resto de las primates no hay orgasmo?

—No en el grado del de las mujeres.

—Entonces, ¿por qué copulan?

—Porque tienen esa pulsión, igual que bebes agua por una pulsión. Beber agua te proporciona placer, pero no es un orgasmo.

—¿Seguro que la hembra del chimpancé no obtiene placer?

—Poco. Como te da placer ponerte a la sombra si te molesta el sol. Pero yo estoy hablando del orgasmo, del superorgasmo femenino, eso que los hombres no podemos ni imaginar. Si a mí se me apareciera el genio de la lámpara y me urgiera a pedirle un deseo, le pediría un orgasmo femenino.

—¿No estás de acuerdo con el tuyo?

—El orgasmo masculino es como el de cualquier mamífero, no tiene nada de especial, es el mismo que el de un burro o un perro: un calambre y ya está. El de la mujer no se parece a ninguno, a ninguno, es un tsunami fisiológico, nervioso, de una intensidad tal que los hombres no podemos ni imaginarlo. Y además pueden tener varios seguidos. Debe de ser la leche, la hostia. Es una bomba.

—La sexualidad femenina —añadí— es un superpoder que el patriarcado ha vivido siempre como una amenaza. Por eso ha intentado controlarla de mil modos. Todavía hoy se extirpa el clítoris en muchos sitios. Hay estudios académicos, por cierto, que ponen de relieve la similitud entre el lenguaje utilizado por santa Teresa de Jesús para describir sus experiencias místicas, que eran extraordinarias, y el que utilizaría una buena escritora para describir el éxtasis sexual femenino. Quizá escondía una cosa detrás de otra para no ir a la hoguera.

—La palabra exacta es esa: éxtasis. Y ahora que lo pienso, en la imaginería católica hay muchas expresiones femeninas de dolor que podrían ser en realidad de todo lo contrario. Nada es lo que parece.

En esto, llegamos al final de la playa y nos sentamos a la mesa de un restaurante al aire libre donde se permitía comer en bañador. Pedimos rabas y bonito y una ensalada fresca, de lechuga y cebolla. Pedimos también una botella de verdejo, que es el vino blanco de referencia del paleontólogo. Mientras nos servían, coloqué mi cuaderno de notas sobre una de las sillas, al sol, en la esperanza de que al secarse pudiera acceder sin problemas a su lectura.

Todo estaba bueno, especialmente el bonito, asunto sobre el que Arsuaga hizo una curiosa consideración:

—¿Tú sabes cuál es el tema de la religión vasca en esta época del año?

—Pues no —dije.

—El bonitismo.

—¿Y eso?

—Todo gira en torno a si ha entrado o no mucho bonito en la costera. Si un año no entrara el bonito, sería el apocalipsis.

—No será para tanto.

—Lo es. Y ahora dime: ¿qué has visto durante este paseo que hemos dado por la playa?

—Gente. He visto gente semidesnuda. Creo que, según me anunciaste, debería haber visto la Prehistoria, pero solo he visto gente de distintas edades.

—Por lo general, formando grupos, ¿no? Por ahí vamos bien. Acuérdate de esto, porque trae cola. Hay dos tipos de familia: la nuclear y la extendida. La familia nuclear típica está compuesta por dos generaciones: el padre, la madre y los hijos. Todo lo demás, cuñados, primos, suegros, etcétera, es lo que llamamos «familia extendida».

—Me da la impresión de que en esta playa hemos visto sobre todo familias nucleares.

—Sí, debe de ser porque la gente que viene vive cerca, no sé, quizá vuelvan a comer a casa. Pero a la playa de El Puerto de Santa María, en Cádiz, que es a la que suelo ir yo, acuden verdaderas tribus formadas por la familia nuclear y la extendida. Esto puede deberse a que muchos vienen desde Sevilla dispuestos a pasarse el día entero en la playa, lo que los obliga a establecer campamentos con toda clase de enseres domésticos, desde neveras y bolsas hasta esas tiendas de campaña llamadas iglús donde meten a los niños para que duerman la siesta.

—¿Cuántos componentes puede tener una familia extendida?

—Depende, claro. En las playas de Cádiz, según mis observaciones, hay grupos en los que he llegado a contar siete u ocho neveras y otras tantas sombrillas, lo que constituye una pequeña tribu. Si multiplicamos el número de neveras por cuatro (dos padres con dos hijos), nos salen unas treinta. Grupos de treinta aproximadamente.

—Entre los chimpancés, según Harari, cuando el grupo supera los cincuenta individuos aparece el caos.

—Pero los grupos de chimpancés tienen cada uno su territorio, no se mueven de él. En nuestra especie, que es caminante, la familia extendida es más grande. La especie humana se despliega ocupando espacios muy amplios, nos movemos mucho por el territorio, de modo que estos grupos de treinta se relacionan entre sí, se reúnen en verano porque pertenecen al mismo clan, tienen un cierto grado de parentesco. Por eso, la comparación con la Prehistoria la habríamos visto mejor en Cádiz que aquí.

—Me parece interesante el concepto de clan para referirse a la familia extendida —dije.

—A mí me gusta mucho —confirmó Arsuaga— porque se refiere al número de personas que se supone que tienen un pasado común, que comparten un parentesco lejano o que se reconocen como hijos o descendientes de antepasados comunes. Tienen información las unas de las otras. ¿Has oído hablar del número de Dunbar?

—No. ¿Quién es Dunbar?

—Un famoso primatólogo inglés al que, por cierto, conocí en Cambridge hace muchos años, y que descubrió que el tamaño del cerebro y el del grupo están relacionados. Si me dices el tamaño del cerebro de una especie, te digo el número de individuos que pueden formar un grupo. Hay una correlación entre el tamaño del cerebro (de la neocorteza, sobre todo) y el tamaño del grupo, de manera que, si conoces una de las variables, puedes deducir la otra con una simple ecuación.

—Ya —dije poniéndome en guardia ante la palabra *ecuación*.

—A ver, Millás, ¿de cuántas personas puedes mantener tú información actualizada? Piensa en tu familia nuclear y en tu familia extendida, porque si le toca la lotería a un cuñado tuyo te enteras, ¿no? Piensa también en vecinos o en compañeros de trabajo con los que tengas una relación muy muy especial.

Hice cálculos. Me pregunté si debería incluir a mi peluquera, a la que visito una vez al mes y que, además de cortarme el pelo, me depila las orejas. Intercambio muchas confidencias con ella.

—No sé —dije al fin cuando iba por veintitrés—. Me rindo.

—El número que predice la ecuación de Dunbar para la especie humana es de ciento cincuenta.

—¿Significa que yo sería capaz de mantener relaciones sociales significativas de forma estable con ciento cincuenta personas? —pregunté.

—Exacto.

—Ni de broma. Llegaría a cincuenta o sesenta con dificultades.

—Tú eres la excepción porque tienes pocas habilidades sociales, pero la generalidad de nuestra especie sí.

En esto, llegado el momento del café, se acercó a la mesa una joven con un niño de unos siete años. Dijo que había sido alumna de Arsuaga hacía mucho tiempo y que guardaba un recuerdo excelente de sus clases. El paleontólogo fingió recordarla, o eso me pareció a mí, porque el verdejo, combinado con los efectos de las gafas de sol, me había puesto especialmente receptivo. En cualquier caso, tras las presentaciones, la invitamos a sentarse. Ella pidió un poleo, y el niño, un helado.

—Le estaba enseñando a Millás las diferencias entre la familia nuclear y la extendida —comentó Arsuaga.

—La mía es mononuclear —apuntó ella—. Solo somos el niño y yo.

—Bueno —opuso Arsuaga—, la mononuclear es una variante de la familia nuclear. Lo específico de la familia nuclear es que está compuesta por dos generaciones. A mí me gusta más llamarla monoparental.

—Mononuclear —añadí yo— recuerda a mononucleosis, que es esa enfermedad infecciosa que se transmite a través del beso.

El paleontólogo y la joven, que se llamaba Rosa, me miraron como si hubiera dicho una inconveniencia. Yo sonreí con expresión de circunstancias y el resto de la conversación giró en torno a los recuerdos que la exalumna tenía de las clases del exprofesor. Nos informó también de que colaboraba con una ONG que llevaba a cabo su actividad en países en vías de desarrollo.

—Tercer mundo —traduje yo mirando a Arsuaga—. Ahora se les llama eufemísticamente «países en vías de desarrollo».

La aclaración no gustó a la joven, que me miró como si sobrara, y a partir de ahí la situación se tornó incómoda.

—¿Tienes que rectificarlo todo? —preguntó.

—¿Rectificar qué? —repliqué extrañado.

—Primero la mononucleosis; ahora el tercer mundo...

Compuse un gesto de disculpa, pero el entusiasmo que el encuentro con Arsuaga había provocado en la joven madre había decaído por completo y se despidió antes de que el niño terminara el helado. Con el paleontólogo intercambió un par de besos y a mí me estrechó la mano.

—Eres ideal para espantar a la gente —me reprochó Arsuaga—. No es raro que no alcances el número de relaciones que correspondería al tamaño de tu cerebro, según Dunbar.

—Vaya, lo siento.

—A veces —continuó él—, de una conversación casual aprendes cosas. La vida de esta chica tenía interés.

—Pero si ni siquiera te acordabas de ella.

—¿Quién te ha dicho eso?

—Lo he notado. Estas gafas tuyas me proporcionan una lucidez especial. Ni siquiera estoy seguro de que ella haya sido alumna tuya de verdad. Te habrá visto en un par de conferencias.

—Dejémoslo —concluyó el paleontólogo llamando la atención del camarero para pedir la nota.

Ya de regreso hacia el palacio de la Magdalena, le pregunté qué tenía que ver todo lo que habíamos hablado con el asunto de la conciencia, que era el que nos ocupaba.

—Quizá no te des cuenta —dijo—, pero poco a poco lo vamos rodeando. Aceptarás que, después de haber hablado del cerebro y de la mente, volvamos a la inteligencia.

—Bueno, sí, van los tres en el mismo paquete.

—¿Cómo definirías tú la inteligencia?

—No sé, hay tantos tipos...

—Pero una definición sencilla, que abarcara todos esos tipos, podría ser la de la capacidad para resolver problemas, ¿no?

—Vale.

—Los ordenadores la tienen, pero es una inteligencia especializada, no una inteligencia general, como la de los humanos. Al estudiar los diferentes tipos de animales, nos damos cuenta de que la inteligencia guarda relación con lo predecible o previsible que sea su medio. Si hablamos del medio ecológico, los animales que comen hierba viven en un medio muy previsible.

—No hay mucho que escoger. Solo comen hierba —apunté.

—Y la hierba es un recurso muy abundante, pero de poca calidad. Demasiada fibra. El resultado es que se pasan todo el día comiendo y su vida social es escasa. Sin embargo, cuando el recurso es muy calorífico, suele estar disperso y es difícil de encontrar, por lo que hay que moverse y aguzar el ingenio. Esto vale lo mismo para las especies que consumen frutos que para las carnívoras. No existe un recurso que sea muy energético y muy abundante a la vez. Hay que elegir entre lo abundante y barato o lo escaso y caro. ¿De acuerdo también en esto?

—De acuerdo.

—Pues bien, el otro medio importante, junto al ecológico, es el medio social. Las tres líneas de mamíferos que han desarrollado más la inteligencia, además de los seres humanos, son especies sociales. Me refiero a los elefantes, los cetáceos y los grandes simios. Son también los animales que viven más tiempo y que tienen un desarrollo más lento y por lo tanto menos crías a lo largo de su vida. Es una apuesta arriesgada esta de tener a lo largo de la vida pocas crías que se pueden morir, igual que es arriesgado reproducirse muy tarde, porque si te mueres antes no llegas a la edad reproductora, pero lo cierto es que les ha salido bien a las tres líneas. Eso quiere decir que la inteligencia que tienen estas especies es una inteligencia social en gran medida. No hay nada tan imprevisible como el comportamiento de los otros miembros del grupo. Todo el rato hay que formar alianzas que se destruyen en función de los intereses emergentes para formar otras nuevas. A mí me gusta mucho la excavación porque es un laboratorio maravilloso para hacer observaciones sociales. La excavación es un gran experimento social; en ella vivimos aislados, en una burbuja. Casi tanto como excavar, me interesa ver la biología social de las excavaciones. Los humanos dimos un gran salto al hacernos cazadores-recolectores, aumentando así la complejidad social. En otras palabras, hemos desarrollado la inteligencia ecológica y la inteligencia social. Las dos. El número de Dunbar relaciona el tamaño del cerebro (más concretamente de la neocorteza, que es donde residen las funciones cognitivas) con el tamaño del grupo (número de personas de las que se tiene información actualizada). Y en nuestro caso, salvo excepciones como la tuya (te lo repito porque no te he visto anotarlo), es de ciento cincuenta personas. De ese número de ciento cincuenta nos ocuparemos en las siguientes salidas.

En esto llegamos al palacio de la Magdalena y, al despedirnos para ir cada uno a su habitación, Arsuaga me recordó que le devolviera las gafas. Me las quité y la sensación alucinatoria se esfumó de golpe. La realidad a palo seco, incluso en un entorno tan privilegiado como aquel, sabe a pollo crudo.

Ocho. En el interior de un cerebro colectivo

—A ver, Millás, no quiero que demos fin a esta trilogía y que queden dudas sobre lo del altruismo —dijo Arsuaga.

—Ya lo hablamos en su día. No quedaron dudas —lo tranquilicé.

—Me pareció que dejabas una puerta abierta a su existencia, porque eres un romántico en el peor de los sentidos de la palabra. Hay románticos buenos y románticos malos. Yo soy un romántico bueno.

—Vale —concedí.

—No te enfades, para mí es importante.

—No me enfado, es que tengo otitis en el oído izquierdo y aún no me ha hecho efecto el analgésico que me he tomado con el desayuno.

—Otitis, bah. ¿Tienes artritis?

—No.

—¿Y diabetes?

—Tampoco.

—Entonces, para tu edad, estás de puta madre.

—Lo que tú digas.

Nos dirigíamos en el Nissan Juke del paleontólogo a cierto lugar de la sierra de Gredos que no me había revelado. Pese a hallarnos en septiembre, quizá debido a las condiciones climáticas de la zona, la vegetación, a ambos lados de la carretera, permanecía eufórica, incluso más que eufórica: loca. Brotaba sin freno allá donde volvieras la mirada con todo su muestrario de formas y colores. Me puse las gafas de sol polarizadas a fin de darle a la mañana un toque de crepúsculo y cerré los ojos con placer ante la primera oleada de bienestar producida por el analgésico.

—El altruismo —pronuncié en voz alta recordando favores que yo había hecho en la vida por mera solidaridad, sin esperar nada a cambio. O sí, no sé, tal vez unas briznas de gratitud, unas hebras de reconocimiento.

—Según los biólogos —continuó Arsuaga—, no existe. Apúntalo: el altruismo no existe. Puede que haya algo, un poco, pero es tan escaso que no resulta relevante. No conviene confundir la excepción con la regla. Lo que cuenta es si se trata de una fuerza importante en la historia de la evolución. La respuesta, que quede claro en este último de nuestros libros, es NO, con mayúsculas.

—Pues yo conozco algunos casos —apunté.

—No te los creas, sería altruismo aparente. En otras palabras: egoísmo genético, mutualismo, intercambio...

—Ya. El gen egoísta.

—Egoísmo genético, en efecto: invertimos mucho esfuerzo, mucho tiempo y muchas energías en la reproducción. Tenemos crías y las cuidamos. De hecho, los animales tienen cuantas más mejor. La relación paternofilial y maternofilial es la única forma de amor desinteresada y asimétrica que conocemos. Ya sabes que cada hijo tiene la mitad de nuestros genes. Dos hijos equivalen a ti. Criar a un hijo es muy costoso lo mires por donde lo mires.

—¿Incluso desde un punto de vista afectivo?

—Incluso. Pero tus genes van en contra de tus intereses personales. Los genes utilizan tu cuerpo para perpetuarse. Mis genes me usan para perpetuarse en forma de copias.

—Anotado.

—¿No me lo vas a discutir?

—Ya te he dicho que me duele el oído.

—Bien, hay otra forma de altruismo aparente: el del grupo. Lo que en los grupos tomamos por cooperación es, en realidad, mutualismo: beneficio mutuo. Cuando sucede entre dos especies distintas se llama simbiosis.

—Anotado también.

—En tercer lugar, está el intercambio de favores. Hasta los insectos llevan la cuenta de los favores que se hacen entre sí. Todos los animales sociales recuerdan a quién deben un favor o quién se lo debe a ellos. Si no me lo devuelves, olvídate de mí.

—¿Y en la especie humana?

—En la especie humana se dan casos de altruismo puro, pero es tan raro que, cuando sucede, lo convertimos en noticia. Hace poco salió en la tele un hombre que se había encontrado una cartera con cinco mil euros y la entregó en comisaría.

—Lo haría para salir en la tele —ironicé.

—No te digo que no. El caso es que es verdaderamente excepcional y, si es verdaderamente excepcional, insisto, no es una fuerza de la evolución.

—El intercambio de favores otra vez.

—Exacto. Te hago un favor, no me lo devuelves y me mosqueo. Yo, por cierto, te regalé a ti unas gafas de sol cuando te operaron de cataratas, las que llevas puestas.

—Unas gafas de sol y una gorra de las de visera para evitar el melanoma —dije.

—Así es, unas gafas de sol de doscientos euros y una gorra. Todavía estoy esperando un detalle.

—Es que no sé qué regalarte. Tienes de todo, Arsuaga.

—Tú verás, pero estoy empezando a mosquearme. En fin, nada de altruismo: negocios. ¿Te he hecho yo un favor con estos libros que hemos escrito juntos y con los que tanto dinero hemos ganado? ¿Me lo has hecho tú a mí? No: ha sido puro mutualismo. El mutualismo como mejor funciona es entre iguales. No estamos en deuda el uno con el otro. ¿Cómo va el oído?

—Ya me está haciendo efecto el analgésico. Se atenúa el dolor, pero siento una especie de extrañeza respecto de mí mismo, como si me hallara dentro de un cuerpo que no es del todo mío.

—Se llama disociación y tú eres muy dado a ella. Por cierto, al egoísmo genético lo podríamos llamar también nepotismo. Ya sabes, esa costumbre que practican los corruptos con su familia, incluso con los cuñados, que no pertenecen exactamente a la familia. Tus sobrinos sí, porque llevan tus genes. Y como tus cuñados y cuñadas crían a tus sobrinos, los soportamos. Nuestros genes se benefician. Y a los concuñados, ni agua, porque el auténtico cuñado insoportable es el concuñado. La explicación es genética. Tus sobrinos políticos no llevan tus genes. Pero sí llevan los genes de tu consorte, así que tendrás que aguantarte, porque con tu consorte tienes negocios genéticos. En resumen, todos juntos a la playa con las sillas, las sombrillas y las neveras.

—Bueno —concluí—, pues no te preocupes porque va a quedar muy claro.

—Permíteme todavía un desahogo personal que tiene que ver con mi filosofía de la vida: yo no creo en esa cosa que llaman amistad y que está tan valorada. Creo más en cuestiones de orden biológico. Mi mujer, por ejemplo, me gusta. ¿Soy un ser insociable, un asocial? No. Creo en la teoría de las caravanas de Ortega. Cada caravana se va internando en el desierto con una generación y desaparece en él. En esas caravanas van compañeros de viaje. Cuando haces un viaje, hay compañeros con los que te llevas mejor que con otros, tienes más complicidad, más afinidad, etcétera. A medida que se mueren, pierdes un compañero de viaje y lo lamentas, claro, a ver con quién vas a hablar ahora, con quién te vas a reír. Atiende, estamos en la fosa del Tiétar y ahí está el pico de La Mira, que es uno de los más altos de la sierra, fuera del Circo de Gredos.

Enseguida entramos en un paraíso donde se alternaban suavísimas colinas con extensísimos pastizales que brillaban como espejos a la luz del sol, y con encinares, robledales, olivos, quejigales...

—La dehesa —dijo Arsuaga—. Esto es la dehesa: un ecosistema único, un invento exclusivamente español que consiste en combinar el bosque con el pasto, un equilibrio casi perfecto entre naturaleza y actividad humana. Es el mejor ejemplo de gestión medioambiental. El paisaje preferido por el ser humano es la dehesa, porque en él encuentras árboles, pasto y agua. No es el bosque cerrado ni la pradera abierta, sino una rara combinación de las dos cosas que produce una biodiversidad increíble. Ahora nos dirigimos hacia la falda de Gredos.

Vi Gredos, en efecto, y vi su suave falda un poco sobrecogido porque viajábamos solos por aquel paisaje ancestral, así que me pareció que era el momento justo para formular al paleontólogo una pregunta que llevaba tiempo queriéndole hacer:

—Como biólogo y antropólogo, ¿has reflexionado alguna vez sobre la naturaleza del deseo?

—No —dijo secamente, y volví a la contemplación de nuestro Himalaya doméstico.

Un ave enorme, quizá un águila, atravesó el espacio azul y giró la cabeza, como si nos mirara con un solo ojo. «Ojalá nos lleve», pensé, «ojalá descienda y coja este pequeño y viejo vehículo igual que si agarrara un conejo y nos transporte a su morada en el Almanzor, o donde quiera que la tenga».

El águila nos ignoró y al poco, después de viajar un rato en sentido ascendente por carreteras de segundo o tercer orden, alcanzamos un punto de las estribaciones de la sierra, cercano a la localidad de Poyales del Hoyo, donde había una casa grande, de campo, y dentro de la casa el Aula Museo Abejas del Valle, en la que reinaban Ino (de Inocencia) y Gerardo, dos jóvenes maduros de sesenta y nueve y setenta y tres años respectivamente.

Ino y Gerardo, según averigüé más tarde, se conocieron estudiando Magisterio en Madrid. A los dos les tiraba la naturaleza, de modo que, al terminar la carrera, con gran disgusto para las familias de ambos, decidieron irse a vivir a Poyales del Hoyo, en la vertiente sur de la sierra de Gredos, de donde es Gerardo. Para ganarse la vida hicieron todo tipo de labores en el campo, desde fabricar picón vegetal para braseros hasta manillar tabaco, que consiste en arrancar las hojas del tronco y hacer manojos con ellas para llevarlas al centro de fermentación, que estaba en Candeleda y que ya no existe. Trabajaron también en la limpieza de montes y se encargaron de llevar fincas con higueras y olivos y colmenas cuyos productos se repartían a medias con sus dueños. Tardaron tres años en hacerse su propia casa con la ayuda del padre de Gerardo, que era albañil. En la parte baja de la vivienda colgaron del techo una colmena natural para la observación de las abejas. Se pasaban las horas viéndolas trabajar, fascinados por su comportamiento. Tiempo después, pidieron un préstamo y compraron cien colmenas que, en palabras de Ino, los sacaron de la miseria económica. La apicultura se convirtió en su principal medio de vida junto con las higueras de la finca en la que habían construido la casa. Tras casi veinte años de observación y estudio, en 1997, decidieron crear un aula-museo. Fue el primer museo de abejas vivas de España. A lo largo de estos veintiséis años han pasado por él miles de personas que han tenido la oportunidad de observar a estos insectos en su medio natural. Ellos, por su parte, lograron vivir en el campo y del campo, criar a sus hijos y pagarles las carreras que eligieron. Ahora, con Ino y Gerardo ya jubilados, aunque muy presentes, su hijo Javier y su compañera Diana han tomado el relevo generacional de esa pasión que es también un negocio.

—La colmena —nos explicó Gerardo al poco de recibirnos— es un superorganismo, un cerebro colectivo compuesto de miles de individuos que se comportan como una unidad biológica, como un solo ser. Cada individuo se puede considerar una neurona y a través de diversas formas de comunicación (feromonas y contactos físicos entre individuos, sonidos, etcétera) construyen un sistema emergente, paralelo al de nuestro cerebro, pues ambos siguen las mismas reglas que conforman este tipo de sistemas. La única diferencia entre ambos es la complejidad, que es infinitamente mayor en el cerebro humano, que por lo tanto es infinitamente más inteligente. Sería interesante saber qué grado de complejidad haría falta para que saltara la chispa y surgieran la conciencia y la consciencia.

Enseguida fuimos a ver el superorganismo, porque en el aula-museo había una habitación con las paredes de cristal de cuyo techo colgaban cuatro grandes colmenas como cuatro grandes estalactitas. Los insectos entraban y salían de la habitación de cristal por una de las cuatro paredes, que permanecía abierta a la naturaleza. Los visitantes podíamos observar a muy poca distancia, y sin peligro alguno, a través del vidrio, cómo se afanaban en torno a las celdillas de cera. Gracias a las indicaciones de Gerardo, nos era dado distinguir las obreras de los zánganos y podíamos contemplar en vivo las idas y venidas de la reina. Los himenópteros se apiñaban unos sobre otros en una especie de caos que constituía sin embargo una forma de orden magistral. Podía haber ochenta mil individuos en cada instalación y ninguno de ellos era realmente un individuo, sino una pieza del individuo auténtico que era la colmena (el superorganismo). La perfección, pensé yo, era posible porque las obreras no envidiaban el trabajo de los zánganos ni los zánganos el de las obreras ni la reina el de ninguno de los anteriores. Ni siquiera habían querido ser lo que eran porque no eran conscientes de su condición, como tampoco es consciente de la suya el espermatozoide que se dirige al óvulo para fecundarlo. No hay deseo en el espermatozoide, como no había deseo en las abejas. Había instinto, programación, no sé, una tendencia involuntaria, un automatismo implacable difícil de entender y de explicar. De súbito, una de ellas, que procedía del campo, se abrió un hueco en el enjambre y comenzó a realizar una danza, conocida como «la del ocho» porque dibujaba con sus movimientos este número para informar a sus compañeras de lo que había encontrado fuera.

La frenética actividad de la colmena se llevaba a cabo al ritmo de una música incesante provocada por el roce de sus cuerpos y un aleteo inagotable que daba lugar a un zumbido que, si cerrabas los ojos, podías confundir con la banda sonora de una película de miedo. Producía asombro, en fin, aunque también algo de espanto, observar tan de cerca la actividad enloquecida del superorganismo, una actividad que se llevaba a cabo no porque sus miembros quisieran realizarla o dejar de realizarla, sino porque obedecían órdenes de las que, sin saberlo, eran portadores y en cuya defensa estaban dispuestos a entregar la vida. Hacían las cosas a ciegas, como las hacemos nosotros a veces, dominados por impulsos inconscientes, con la diferencia de que nosotros podemos darnos cuenta de lo ciegos que estamos, nos ha sido dada la facultad (¿venenosa?) de reflexionar sobre ello. Nosotros aspiramos a pertenecer a las clases altas cuando venimos de las bajas y envidiamos a las reinas y pretendemos ser los reyes del mambo. Y nos frustramos, claro. No hay lucha de clases en la colmena porque las abejas desconocen su pertenencia a una u otra casta, pero entre los humanos se frustran hasta las clases más privilegiadas porque la frustración se encuentra en el corazón mismo del deseo, en su naturaleza. Se frustra todo el mundo, sí, incluidos los reyes y las reinas, ya que, mientras se calzan frente al espejo la corona de oro y de diamantes, una voz interior les dice: «No era esto». No era esto, nunca es esto lo que deseábamos, sino lo que esto representaba, de ahí la carrera loca de los seres humanos hacia la muerte abandonando a su paso objetos de deseo que no eran.

No era esto.

Y de ahí también la pregunta sobre la naturaleza del deseo que le había hecho yo al antropólogo y biólogo Arsuaga y que no quiso o no supo contestar.

Dios mío.

Me pregunté si al superorganismo que llamábamos colmena le dolería algunos días la cabeza, si tendría migrañas, como yo. Y mientras daba vueltas mentalmente a estas cuestiones de orden existencial, Gerardo nos explicaba cómo aquellos invertebrados de sangre fría lograban que el interior de la colmena alcanzara, en pleno invierno, una temperatura de treinta y cuatro grados. O cómo la enfriaban en verano con técnicas insospechadas de refrigeración. Nos revelaba que con aquella danza, la del ocho, la abeja exploradora informaba al grupo no ya de la clase de alimento que traía, sino de la distancia a la que se hallaba y de la dirección que era preciso tomar para encontrarlo. Nos hacía saber que había más de veinte mil especies de abejas, la mayoría solitarias, y que ninguna de las sociales se confundía de colmena porque la reina emitía una especie de feromona productora de cohesión social que funcionaba a modo de pasaporte que debía mostrar a la entrada del panal para que las guardianas le permitieran ingresar en él. Y que de enero a julio morían más obreras de las que nacían. Y que normalmente no eran agresivas, entre otras cuestiones porque su aguijón tenía forma de arpón, de manera que cuando picaban, por ejemplo, a un mamífero, el aguijón penetraba con facilidad en la carne, pero no podían retirarlo una vez insertado en ella. Al intentarlo, perdían parte de sus órganos internos, incluido el intestino. Para demostrar aquella ausencia de agresividad, Gerardo entró en la habitación de paredes de cristal y permaneció allí unos minutos rodeado de abejas que revoloteaban como pequeños cazas asesinos alrededor de su cabeza y de su cuerpo. Posó incluso una mano en el panal y la sacó con los dedos forrados de insectos que no le hicieron nada porque se movía despacio para que no se sintieran amenazados. Luego nos invitó a entrar al antropólogo y a mí, y el antropólogo, que es un aventurero, aceptó la invitación. La escena de un Arsuaga sonriente, rodeado de abejas, me pareció digna de una película de Hitchcock.

—No te preocupes —dijo Gerardo al ver mi cara—. Ya te he dicho que no pueden permitirse el lujo de picar así como así.

Cuando Arsuaga abandonó la habitación de paredes de cristal, nos fuimos a comer a la parte alta de la casa, con vistas a la sierra, y mientras dábamos cuenta de las viandas que nos habían preparado, Ino y Gerardo continuaron ilustrándonos sobre el mundo de las abejas, sobre el modo en que alimentaban a las larvas, a la reina, sobre sus hábitos de limpieza. Pero, de entre todas las costumbres de las que nos informaron, hubo una, referida a los zánganos, que me sobrecogió: como es sabido, la función exclusiva de esta casta es la reproductora. Ellos copulan con la reina, siempre en pleno vuelo, bajo el sol ardiente y dorado del verano. Pero su aparato copulador está diseñado de tal forma que se queda atrapado dentro del cuerpo de la reina después de descargarle su esperma. Al separarse, se desprende de su abdomen y muere. Llegado el mes de septiembre, como esta función reproductora cesa hasta el verano próximo, los zánganos son expulsados de la colmena para que no hagan gasto. No se les permite entrar cuando regresan al hogar y se convierten en verdaderos parias. Los mismos, en fin, que podrían haber disfrutado del privilegio de follar con la reina en un vuelo nupcial de carácter lisérgico devienen en indigentes que no tienen donde caerse muertos y acaban sus días de cualquier manera, quizá en el estómago de un depredador, tal vez aplastados por la rueda de un automóvil, dibujando manchas oscuras insignificantes sobre el negro asfalto.

Ya en el coche, de vuelta a Madrid, habló Arsuaga:

—Bueno, Millás, hemos venido hasta aquí porque quería que vieras con tus propios ojos lo que es un sistema complejo: aquel en el que el conjunto es más que la suma de las partes. Un superorganismo.

—Una forma de conciencia sin consciencia —apunté yo.

—Dilo como quieras —concedió.

—Nos referimos a ello hace unos meses —le recordé—, cuando estabas en la excavación. Te llamé porque había perdido unos papeles.

—Y ahí, en nuestra conversación, apareció el emergentismo. Habías leído en algún sitio que la conciencia era una propiedad emergente de la actividad cerebral.

—Lo recuerdo.

—Me dejó preocupado que empezaras a utilizar este concepto, el de la emergencia, como otros hablan de la energía o de los dioses cuando se ponen esotéricos.

—Es que el hecho de que un sistema pueda ser más que la suma de sus partes resulta inquietante, como decir que dos más dos pueden ser siete.

—Ya no sé cómo arrancarte del pensamiento mágico —se quejó Arsuaga—. Y no eres tú, es que la mayoría de la gente está atrapada ahí. No te puedes imaginar lo difícil que es hacer ciencia en un contexto donde está tan infiltrada la idea de lo sobrenatural.

—Es verdad —insistí—, a mí me muestras las abejas de una en una, las voy sumando y no me sale una colmena.

—Te lo voy a repetir una vez más y ya. No volveremos a hablar de esto, júramelo.

—Te lo juro.

—Un sistema complejo es aquel en el que sus componentes interactúan de una forma no lineal.

—¿Qué quiere decir «no lineal»?

—Que un cambio en una parte del sistema puede producir efectos que no son proporcionales a ese cambio. Decimos que el tiempo atmosférico no se puede predecir con muchos días de antelación porque el tiempo es un sistema complejo en el que una perturbación en una parte del sistema puede producir alteraciones graves en todo el sistema. He ahí el drama de los hombres y de las mujeres del tiempo cuando se acerca la Semana Santa y les pedimos una predicción que no nos pueden proporcionar con la exactitud que nosotros desearíamos.

—Ya —me resigné.

—A mayores niveles de complejidad —continuó Arsuaga con el tono del que predica en el desierto—, mayores probabilidades de que aparezca, en el comportamiento global del sistema, algo imposible de deducir de la suma de sus partes.

—Dame un ejemplo de un sistema con comportamientos lineales.

—Un rebaño de ovejas. El modo en que interactúan estos animales no puede dar lugar a sorpresa alguna porque los cambios que se producen en una parte del sistema son proporcionales a ese modo de interactuar.

—Vale —volví a resignarme.

—Si yo te digo que en tu cerebro hay unos noventa mil millones de neuronas, ¿qué deduces de ese dato?

—No sé, que son muchas.

—¿Te ayuda en algo? No, no te ayuda en nada si no logras averiguar cómo actúan entre sí todas esas neuronas. Si yo te digo que una colmena está compuesta por ochenta mil individuos, no te he dicho nada. Empezamos a saber algo cuando adivinamos que parte de esos individuos se dedican a la reproducción y parte a la obtención del alimento y parte a la limpieza del habitáculo, etcétera, etcétera, etcétera. Es de esa complejidad de donde nacen las llamadas «propiedades emergentes». Si en una colmena desapareciera la reina sin ser sustituida por otra, se habría producido en una parte del sistema una perturbación que supondría la muerte del sistema. Muere un solo individuo y se acaba el sistema: ahí tienes un comportamiento no lineal, desproporcionado. Desproporcionado al menos hasta que te informas de la importancia de la reina. No es magia, es información.

—A mí me parece que algo de magia sigue habiendo —bromeé—. O no, no estoy seguro.

—Bueno, tú piensa lo que quieras, pero que quede claro lo que pienso yo. No me incluyas en tus líos metafísicos.

—Cambiemos de tema —sugerí—. Recuerdo que en alguna ocasión has dicho que el mundo no tenía otro color que el verde hasta la aparición de los insectos.

—Así es, las flores aparecieron en la era de los dinosaurios, a la vez que los insectos polinizadores. Si desaparecieran los insectos polinizadores, por cierto, se iría todo al carajo: un cambio aparentemente pequeño en una parte del ecosistema produciría un efecto aparentemente desproporcionado en el sistema. Una emergencia.

—Nunca mejor dicho.

—Las flores, en fin, tienen colores para atraer a los insectos. Mucho tiempo después, ya en la era de los mamíferos, aparecieron los insectos sociales. Hay cuatro tipos de insectos sociales: las abejas, las avispas, las hormigas y las termitas. Los insectos sociales son los amos en el mundo de los invertebrados, incluso considerados al peso. Pesan billones o trillones de toneladas.

—¿Ser social resulta ventajoso?

—Parece que sí. Y son más que sociales: eusociales. Hablamos de la eusocialidad en el libro sobre la muerte, al referirnos a la rata topo desnuda, ¿recuerdas?

—Más o menos.

—La eusocialidad se caracteriza por la división del trabajo. En las colmenas hay castas reproductoras y castas no reproductoras, hay obreras, hay zánganos, hay reinas. El hormiguero es también un superorganismo donde el individuo es el conjunto. Cada hormiga, considerada aisladamente, es como una neurona, es decir, poca cosa, no sirve para nada.

—¿Hay muchos niveles de complejidad en la naturaleza?

—Pues sí. Este sería, en resumen, el recorrido, toma nota: el átomo simple, el átomo complejo, la molécula, la bacteria, la célula compleja (formada por una asociación de bacterias), los individuos u organismos pluricelulares de tres reinos: plantas, animales, hongos. Ahora bien, los invertebrados eusociales han alcanzado un nivel de complejidad superior, que es la colmena o el hormiguero.

—¿Existe algo parecido entre los mamíferos? ¿Hay mamíferos eusociales?

—La rata topo desnuda, acabamos de citarla. Hay mamíferos que han avanzado mucho en la vida social: los grandes simios, los elefantes y los cetáceos. Ninguno de ellos ha alcanzado el grado de eusocialidad de las abejas o las hormigas, aunque tienen algunos rasgos.

—¿Cuál es la diferencia fundamental?

—En estos grupos, el individuo no ha desaparecido. En una colmena no hay individuos. El individuo es el grupo. Entre los seres humanos la individualidad tiene mucho peso. Pero hay ocasiones en las que el individuo se diluye en el grupo. O le cede parte de su individualidad para formar una especie de conciencia colectiva. Pronto tendremos la oportunidad de vivir una de estas experiencias.

—¿Cuándo?

—Ya te avisaré.

Nueve. La muerte del Ratoncito Pérez

El 26 de octubre, jueves, Arsuaga me llamó por la mañana para preguntarme si podíamos quedar esa misma tarde, a las ocho. Le dije que sí.

—Entonces —añadió—, recógeme en mi casa con un taxi y nos vamos juntos.

—¿Adónde?

—Ya lo verás.

—¿Y por qué no vamos en tu coche, como siempre?

—Porque no.

—¿Será un sitio donde haga mucho frío? ¿Tendremos que escalar montañas o caminar bajo la lluvia?

Le hice las últimas preguntas debido a que el paleontólogo no se había dado cuenta aún de que yo me había hecho viejo mientras escribíamos los libros anteriores, no por culpa de los libros, sino porque había ido cumpliendo años, dos de ellos en medio de una pandemia, la de la COVID, que me había dejado algunas secuelas de inseguridad. Lo odiaba a veces por eso, por su indiferencia ante mis limitaciones, que quizá no tardarían en ser las suyas.

—Será un sitio muy tranquilo —respondió en un tono que me inquietó, pues creí advertir en él un deje irónico. Pero soy disciplinado y lo recogí a esa hora.

—Ustedes dirán —inquirió el taxista.

Volví la mirada al paleontólogo con expresión interrogativa.

—Al WiZink Center —indicó.

Se refería al antiguo Palacio de Deportes de Madrid, que cambió de nombre hace algunos años por razones de patrocinio.

—¿Vamos a un concierto? —inquirí.

—Ahora lo verás.

Al poco de arrancar me contó que unos días antes había estado a punto de matarse en el coche:

—Volvía de Burgos el 18 de octubre por la tarde, con una gran paliza encima, agotado, así que decidí parar en una gasolinera que está justo antes del pueblo de Milagros. Veía la desviación a lo lejos y de repente, cuando estaba a punto de llegar, me quedé dormido. No es que se me cerraran los ojos un momento, sino que me quedé profundamente dormido en un instante. Me despertó el golpe que dio el lado izquierdo del coche contra la valla de la divisoria. Había ido desviándose lentamente y casi en paralelo desde el carril derecho, tan en paralelo que el choque apenas dejó marca en la chapa, pero el roce sirvió para que me despertara y tomara de nuevo el mando. Ya en la gasolinera, mientras me servían un café, pensé que me podría haber salido de la autovía si delante hubiera habido una curva y no una larga recta o si el golpe hubiera sido más frontal. No dejo de pensar en ello porque mañana se casa mi hija Lourdes y, de no haber tenido tanta suerte, en vez de a su boda, podría haber acudido al funeral de su padre. Así de frágil es la línea que separa lo festivo de lo trágico.

—Tuviste suerte de que el pueblo se llamara Milagros.

—Pues sí.

Su hija, me contó, se casaba por la Iglesia, de blanco, en una ceremonia tradicional en la que él la conduciría de chaqué al altar.

—¿Y tienes chaqué? —pregunté.

—Lo he alquilado.

—¿Se pasa miedo?

—¿Cuando estás a punto de matarte?

—No, cuando una hija quiere casarse de blanco, por la Iglesia y con su padre de chaqué.

—¡Bah, no! Somos seres rituales —aseguró tras unos instantes de duda—. Todos los años, cuando inauguramos el curso en la universidad, nos gusta disfrazarnos de académicos. El rito es una práctica simbólica con la que afianzamos lazos, reforzamos tradiciones y señalamos cambios en la vida de las personas o los grupos... De eso, precisamente, quiero que hablemos hoy.

—De qué.

—De las prácticas simbólicas y de las identidades simbólicas a que dan lugar esas prácticas. Te adelanto una cosa: los símbolos son tan poderosos que llegan a funcionar al margen de las ideologías. Desnudos. Lo que de verdad se enfrentaba en las Cruzadas era el símbolo de la cruz contra el de la media luna utilizando como mediadores a los soldados de uno y otro bando, ninguno de los cuales había leído el Corán o los Evangelios, entre otras cosas porque la mayoría no sabía leer. Y así pasa en todas las guerras. Los símbolos son dioses que combaten entre ellos utilizando ejércitos de hombres.

Luego, tras impacientarse por el estado del tráfico, pues teníamos que estar en el WiZink Center antes de las nueve, añadió retomando el asunto de la boda en un tono un poco melancólico:

—La boda de los hijos nos obliga a pensar en el transcurrir del tiempo. Pero hay belleza en la observación del paso de las generaciones.

Lo que se celebraba en el WiZink Center no era un concierto, sino un partido de baloncesto, un «clásico» entre el Madrid y el Barça. A la entrada de las instalaciones nos esperaban Joe Llorente y Raquel Asiaín. Llorente fue en tiempos jugador del Madrid y aparece en el capítulo seis de nuestro anterior libro, *La muerte contada por un sapiens a un neandertal*, porque nos invitó a comer en Naked & Sated (Desnudo y Saciado), un restaurante que presume de poner en nuestros platos «alimentos reales, capaces de resetear la mente». No sé si logramos resetear la nuestra, pero pasamos con él, que se jacta de llevar en pleno siglo XXI la vida de un cazador-recolector, una jornada memorable que quedó reflejada en aquellas páginas. Por cierto, que debo a Llorente el descubrimiento de la kombucha, una bebida milenaria, a base de té fermentado, a la que me he hecho adicto. Tenía buen aspecto pese a que le acababan de extirpar un macroadenoma hipofisario del tamaño de una pelota de golf.

—Se trata de un tumor benigno que se desarrolla en la glándula pituitaria —me explicó—, justo en la base del cerebro, debajo del hipotálamo.

—Pero ¿cómo logró alcanzar el tamaño de una pelota de golf sin que te dieras cuenta? —pregunté intentando disimular mi espanto.

—Porque ahí se forma una cavidad ósea. Tardó meses, quizá años, en dar síntomas.

Preferí no escuchar más detalles sobre las posibilidades que los huecos de las calaveras ofrecen a los tumores del volumen de una pelota de golf, de modo que me volví hacia Raquel Asiaín, que aparece en el capítulo trece de nuestro primer libro, *La vida contada por un sapiens a un neandertal*, porque visitamos con ella y con Pedro Saura la cueva prehistórica de La Covaciella, en Las Arenas de Cabrales, donde hay pinturas rupestres del Paleolítico superior, coetáneas de las de Altamira. Asiaín es una joven investigadora elegida recientemente por la revista *Muy Interesante* como una de las ocho mujeres científicas españolas del año. Acababa de publicar en *Antiquity*, una prestigiosa revista científica, un curioso y celebrado artículo sobre la capacidad de ver formas en las rocas, que es exclusiva de los seres humanos, y le habían concedido una beca para trabajar durante dos años en el Gabinete de Documentación Técnica del Museo del Prado. Nada de tumores, en fin, me dio mucha alegría.

Y no hubo tiempo para más, porque avisaron de que comenzaba el partido. Mientras nos apresurábamos hacia la cancha, a través de los túneles y vomitorios del WiZink, rodeados de gente en actitud festiva, Arsuaga me tomó del brazo y me dijo al oído:

—Como verás, este encuentro tiene algo de crepuscular. Nos quedan solo dos o tres capítulos para terminar este libro y con él la trilogía que nos propusimos escribir hace años. Ya que en todo este tiempo no hemos conseguido hacernos amigos y que lo más probable es que no volvamos a vernos tras su publicación, se me ocurrió que era buena idea que nos encontráramos con algunos de los personajes que nos acompañaron en los anteriores volúmenes. Le da al asunto un aire algo nostálgico que puede funcionar bien narrativamente, ¿no crees?

—Claro —asentí de manera mecánica.

—No lo dices muy convencido.

—Perdona, es que las atmósferas deportivas me aturden, te lo advertí el año pasado, cuando intentaste llevarme a un partido de fútbol.

—Pero el baloncesto es otra cosa, ya verás.

Me sorprendió, de todos modos, la melancolía de Arsuaga, que no es dado a desahogos de este tipo.

Iba a añadir algo cuando al final de uno de aquellos túneles, evocadores de los que recorren los difuntos para alcanzar el otro lado de la vida, nos cegó una luz intensísima procedente de la cancha, a la que fuimos escupidos o paridos enseguida. Me viene todo esto a la memoria, mientras lo escribo, bañado en unas calidades oníricas propias, supongo, de alguien que había logrado evitar hasta entonces las grandes concentraciones deportivas que ya por la televisión le producían cierto espanto.

La cancha era una construcción cerrada, con forma de olla, cuyas paredes aparecían forradas por los cuerpos de las más de quince mil personas que habían acudido al partido. No quedaba un solo hueco entre cuerpo y cuerpo. El conjunto se parecía a uno de esos tejidos confeccionados a base de unir pedazos de telas procedentes de aquí y de allá. Sobre los cuerpos o retales destacaba el brillo de las caras, que recordaba al de las cabezas de las cerillas en el momento mismo de inflamarse. De hecho, no dejaban de escupir llamaradas por la boca: «¡¡Hala Madrid, hala Madrid, hala Madrid!!».

Nosotros íbamos en calidad de invitados VIP, por lo que nos situaron en lo más hondo de la olla, muy cerca de la pista. Si el tapizado humano se desprendiera de las paredes del recinto, pensé, nos sepultaría en cuestión de segundos como debajo de una lona gigantesca y pesada. Aquella posición de privilegio no resultaba, en fin, muy tranquilizadora, por lo que lo primero que hice, en medio del griterío ensordecedor, fue buscar con la mirada la salida más cercana, que quedaba lejos, o eso me pareció.

Entre tanto, el partido había comenzado, pero yo no era capaz de atender a él, sino a lo que pasaba en las gradas, donde la masa del público, en función de lo que ocurriera en la pista, se levantaba o agitaba los brazos y las banderas, al tiempo de gritar consignas para mí incomprensibles, con la rara sincronía, aunque no con la misma belleza, con la que las bandadas de estorninos dibujan formas en el cielo. Arsuaga, Llorente y Asiaín participaban de aquel entusiasmo que implicaba una cesión del yo al grupo. Me sentí como un grumo incrustado en aquella masa tan uniformemente constituida. Mi yo se negaba a diluirse en aquel caldo, de modo que empecé a sentirlo como un tumor que me oprimía el pecho. Habría dado cualquier cosa por perderlo, por quedarme sin él, por sacrificarlo a la colectividad.

En los tiempos muertos del partido, que amenizaban (o tal era la idea) con una música estruendosa procedente de una megafonía ubicua, el paleontólogo se volvía hacia mí para darme doctrina.

—En la playa de Santander, ¿recuerdas?, hablamos de grupos nucleares y familias extendidas que podían alcanzar cifras considerables, a veces de cincuenta personas. Pura biología. Lo que vemos aquí, en cambio, es una identidad simbólica que reúne a quince mil individuos, la mayoría de los cuales no es que no tengan lazos de sangre o amistad, es que ni siquiera se conocen entre sí. Aquí somos una tribu. ¡Hemos trascendido lo meramente biológico! ¡Es un milagro!

—¡Alabado sea Dios! —exclamé.

—Recuerda lo que decía Dunbar: que el tamaño del cerebro determinaba el número de personas con las que podíamos relacionarnos, y que, en el caso de los seres humanos, no pasaba de unas ciento cincuenta. Ahora bien, si eres capaz de construir un símbolo eficaz, en un abrir y cerrar de ojos se convierten en ciento cincuenta mil.

—¡Ya lo veo! —grité—. El símbolo equivale a lo que Harari llama las realidades imaginadas.

—Olvídate de Harari. Tú te has caído del guindo con él porque no nos habías leído a los antropólogos, que llevamos años hablando de la etnicidad. Gracias a identidades simbólicas como la patria o la religión pueden constituirse grupos identitarios de millones de personas que representan esa identidad con banderas o con imágenes y, a veces, como en el caso de los seguidores de un club deportivo, con un simple color. El de los madridistas, como ves, es el blanco. La de las identidades simbólicas es una de las manifestaciones más misteriosas de la conciencia.

En esto, los jugadores volvieron a salir a la cancha.

—¿Cuánto dura un partido? —pregunté.

—No llega a dos horas.

—Creo que no podré resistirlo.

—¡Pues vete cuando quieras y déjanos disfrutar!

Me levanté y volví a sentarme algo desorientado y aturdido por la agitación general.

—Yo te acompaño —se ofreció Arsuaga.

Como él conocía perfectamente la instalación, dimos con el vomitorio más cercano enseguida. Mientras recorríamos el túnel, víctima de su pulsión docente, me dio todavía más doctrina:

—El fenómeno de la etnicidad empieza en la Prehistoria, en Altamira. Claro que entonces éramos muy pocos y las identidades simbólicas reunían a un número limitado de personas. ¿Por qué crees que los griegos descubrieron que eran griegos en la Antigüedad?

—Pues ahora no caigo.

—Antes de la invasión persa, no existía Grecia, existía una especie de dispersión formada por pequeñas ciudades-Estado. Al tener que enfrentarse al enemigo invasor, echaron cuentas y vieron que tenían una lengua común, una historia o historias compartidas y unos dioses propios. Con esos tres ingredientes (lengua, historia y dioses) se crea un grupo étnico, una nación.

—Es más sencillo que la receta de la purrusalda —declaré.

Cuando alcanzamos la salida, me preguntó si me encontraba bien o me acompañaba hasta un taxi. Me habría gustado que me acompañara porque la verdad es que continuaba algo mareado, pero vi que estaba deseando regresar a las gradas a gozar del partido y lo dejé libre.

Al atravesar la puerta que comunicaba con la calle, una azafata me preguntó si pensaba volver.

—¡No, nunca! —exclamé.

Ya en la seguridad del interior de un taxi, me pregunté por qué era yo tan poco étnico y no hallé respuesta.

Al día siguiente, tras la boda de su hija, el paleontólogo publicó en sus redes sociales una foto en la que se le veía conduciéndola al altar. Escribió que aquellos cincuenta pasos habían sido los más emocionantes de su vida. Le llamé para felicitarle y me dijo que había ido todo muy bien.

—Mira qué casualidad: había ciento cincuenta invitados, el número de Dunbar. La mitad más o menos de la familia del novio, y la otra mitad de la familia de la novia. Por cierto, ¿tomaste nota de algo de lo que te dije mientras te acompañaba a la salida del WiZink Center?

—Sí, nada más llegar a casa. ¿Quién ganó, por cierto?

—El Real Madrid, por un punto y en los cuatro últimos segundos.

—¡Qué emoción! —fingí.

—Ni te lo imaginas. De lo que te expliqué, quédate con el núcleo, con lo importante. La etnicidad multiplica el tamaño del grupo natural, a veces hasta cantidades inverosímiles, porque incluye a personas que no conoces de nada, a personas que jamás en la vida has visto ni verás, a las que te sientes sin embargo unido por un color, una idea, una emoción, unos intereses comunes...

—Vale, vale, pero ayer estuve pensando en todo esto y me pregunté si los seres humanos habíamos conquistado el pensamiento simbólico o habíamos sido colonizados por él.

—No lo sé, no todo tiene respuesta. El caso es que disponemos de él. Para la gente taciturna como tú, quizá sea una forma de colonización, y para caracteres abiertos como el mío, una conquista.

—Mmmm...

—¿Recuerdas que empezamos hablando en este libro sobre Proust y sobre el hipocampo?

—Sí.

—Pues el hipocampo es una estructura cerebral parecida a un caballito de mar, de ahí su nombre.

—¿Dónde decías que estaba situado?

—En el interior del cerebro, cerca del centro y repartido entre los dos hemisferios.

—¿Tiene nombre esa zona?

—Lóbulo temporal medial. ¿Lo localizas?

Pensé en mi propio cerebro, viajé mentalmente a esa zona y me sugestioné de tal modo que sentí los movimientos del caballito en medio del océano de masa gris. La experiencia me produjo un escalofrío.

—Pues bien —continuó Arsuaga—. El hipocampo parece que es crucial para la formación de la memoria episódica. ¿Serías capaz, así, a bote pronto, de contarme un recuerdo infantil?

El caballito se movió.

—Sí —dije—. Tendría yo unos cuatro o cinco años. Había en nuestra casa un ratón que dejaba rastros por todas partes, pero al que mi padre no lograba dar caza. Nos pasábamos el día rastreando las señales de su existencia: cacas, trozos de pan o de galleta roídos, ruiditos en medio de la noche, pero tenía una habilidad enorme para ocultarse. Por fin, un día mi padre lo descubrió dentro del aparato de radio, que era enorme, de lámparas, como los de la época. Quizá se refugiaba allí precisamente por el calor de las lámparas. Mi padre lo cogió del rabo y nos lo mostró triunfalmente en el aire: era idéntico al Ratoncito Pérez que yo había visto en las ilustraciones de los cuentos. A continuación, lo metió en un paquete de tabaco vacío e introdujo el paquete en un barreño lleno de agua. Lo dejó allí hasta que se ahogó. Recuerdo cómo se agitaba el paquete y cómo, poco a poco, se fue quedando quieto, como un juguete al que se le acabara la cuerda.

—¿Lo ahogó así, sin más, delante de ti?

—Delante de mí y de mis hermanos. Yo estaba seguro de que había ahogado al Ratoncito Pérez porque ya te digo que era idéntico al de los cuentos, por eso no me atreví a contar la historia en el colegio ni en ningún otro sitio, por miedo a que la policía se presentara en casa y nos detuviera a todos. Desde entonces el Ratoncito Pérez son los padres porque mi padre se cargó al auténtico, que era, por cierto, un símbolo universal.

—Ya. Bueno, pues ahí tienes un ejemplo de memoria episódica: aquella que es capaz de recordar experiencias y sucesos tan específicos como el que me acabas de contar con una gran cantidad de detalles sobre el contexto espacial y temporal en el que ocurrieron. Esa memoria es exclusiva de los seres humanos y guarda una relación estrechísima con la consciencia y la autoconsciencia, que a su vez no serían posibles sin el lenguaje.

—¿Cómo se vinculan la autoconsciencia, el lenguaje y, ya de paso, el pensamiento simbólico?

—No tenemos ni idea. No sabemos de ningún vínculo entre ellos, excepto que no se dan por separado. Recuerda que el lenguaje es una forma de comunicación por medio de símbolos. Los animales se comunican de otros modos. Símbolo es todo signo arbitrario con un significado solo accesible a la comunidad lingüística que lo ha elaborado. ¿Me sigues?

—Creo que sí.

—Piensa en las dicotomías alto/bajo, avanzar/retroceder, derecha/izquierda, delante/detrás. Las metáforas que tienen que ver con el espacio y el mundo físico son universales. Todas las lenguas utilizan las mismas para todo lo que tiene que ver con nuestra posición en el espacio y con la naturaleza de las cosas. Ahí podríamos tener algo parecido a un lenguaje universal. Por el contrario, los símbolos son locales. Richard

Dawkins llama memes a este tipo de elementos culturales que se replican y transmiten entre los seres humanos a través de la imitación, de forma semejante a la de los genes, que se replican y transmiten biológicamente.

—Creía que el término *meme* había nacido con internet.

—Pues lo acuñó Dawkins en *El gen egoísta*, que es de 1976. Lo que pasa es que internet es un medio privilegiado para este tipo de réplicas, por eso se asocia a la cultura digital. Estos memes o imitaciones saltan de un cerebro a otro y colonizan los cerebros de la colectividad sin que podamos evitarlo. El de la posición del cuerpo en el espacio lo utilizamos continuamente. Cuando decimos de alguien que está a la izquierda o a la derecha, delante o detrás, arriba o abajo, podemos referirnos desde luego a su posición en el espacio, pero con frecuencia queremos señalar su lugar en la sociedad.

—Cierto.

—Pasa lo mismo con la dualidad duro/blando. En un trabajo científico estadounidense se ha comprobado que los sujetos de la experimentación asocian «duro» al Partido Republicano, a lo masculino y a la ciencia; «blando», al Partido Demócrata, a lo femenino y a las humanidades.

—Creo que en la jerga periodística se refieren a las secciones de cultura y sociedad como las partes blandas del periódico.

—Ahí lo tienes. Y en el mundo científico se habla de la física como ciencia dura, porque sus leyes son deterministas, y de la biología como de una disciplina blanda porque sus leyes son probabilísticas. Y ahora viene lo mejor: cuando se utiliza lo duro como metáfora se activa el área del cerebro que tiene que ver con el tacto. Si dices, por ejemplo, que «hay que dar una patada a la ignorancia» se activa el área del cerebro que tiene que ver con patear cosas reales. Si hiciéramos una lista de las metáforas espaciales, relacionadas con el cuerpo, que utilizamos al cabo del día, no acabaríamos nunca. Pues bien, cada una de ellas constituye una unidad cultural, un meme, que se ha replicado en nuestros cerebros de manera semejante a como se replican los genes en biología.

—Ya ves tú —dije.

—Y hasta aquí hemos llegado —añadió Arsuaga—, porque tengo en media hora una reunión que no me has dejado preparar. Pero que esta conversación te sirva, sobre todo, para tomar conciencia de que nada de lo que hacemos es gratuito: empezamos con Proust y volvemos a Proust para hablar de la memoria episódica.

—Una cosa más: ¿puede haber memoria episódica sin yo?

—No. Por eso nadie recuerda nada que le haya sucedido antes de los dos años, como mucho.

—¿Tu nieto se reconoce ya en el espejo?

—Aún no, pero señala con el dedo las cosas que le llaman la atención. Toma nota también de esto porque es interesantísimo: somos la única especie que señala con el dedo.

—Entonces tu nieto está a punto de ser colonizado por el yo.

—O está a punto de conquistarlo. No intentes llevar siempre el agua a tu molino.

—Una cosa más.

—No puedo.

—Solo una, te lo juro.

—Venga.

—¿La capacidad simbólica apareció de forma gradual o se manifestó de golpe, al modo de una revelación, en un individuo que contagió a los otros?

—Si estás insinuando que nos la implantaron los marcianos, te cuelgo ahora mismo.

—Los marcianos o lo que fuera, no tengo ni idea, pero resulta curioso que solo nos atacara a nosotros entre todos los miles de millones de especies que han existido y que existen. A mí me parece una singularidad alucinante.

—Pues mira, y con esto acabamos: no tenemos ni idea. Para algunos fue el resultado de un proceso gradual, y para otros el de una mutación neuronal que nos hizo entrar, casi de golpe, en una nueva dimensión de la realidad. Para ambas soluciones, en todo caso, era preciso disponer ya de un cerebro muy desarrollado. Pero se trata de una cuestión complejísima, sin resolver, no solo en la paleontología, sino en la neurociencia. Me gusta que nuestras conversaciones terminen con preguntas, más que con respuestas. Cuídate.

Diez. Una crisis existencial

Sostengo, aunque él quizá no lo compartiría, que en el interior del Arsuaga epicúreo, que disfruta igual de una excursión a la naturaleza que de un libro, o de una buena mesa lo mismo que de un partido de baloncesto, habita un científico desesperado por los límites de la inteligencia y del conocimiento. En Arsuaga coinciden un hombre feliz, que no abandonaría por propia voluntad lo que él llama «la fiesta de la vida», y un científico atormentado. Como el tabique que separa la desesperación de la dicha es permeable, tampoco es raro que se nos presente a veces como un hombre desesperado y como un científico feliz. Le di muchas vueltas a esto durante la jornada del 29 de noviembre de 2023, en la que las horas transcurrieron del siguiente modo:

Habíamos quedado aquel miércoles a las nueve de la mañana en el portal de su casa, como venía siendo habitual cuando emprendíamos una excursión, que en este caso sería la última, pues a nuestro libro solo le faltaba un capítulo. Lo esperé con un café recién comprado en el bar de la esquina, que me agradeció, pero que rechazó porque tenía leche.

—Siempre te los traigo con leche —dije.

—Pero he decidido que tengo intolerancia a los lácteos —respondió con una sonrisa.

—¿Y eso?

—Hay que tener algo para que la gente te quiera —continuó en tono distendido—. Todo el mundo dice que tú eres muy entrañable. ¿Sabes por qué?

—Pues no.

—Porque hablas en la radio de tus enfermedades. Ese es tu secreto para que te quieran: estar siempre enfermo.

—No estoy siempre enfermo.

—Pues da la impresión de que sí.

Nos dirigíamos hacia su coche, que estaba aparcado un poco lejos.

—¿Tu casa tiene garaje? —preguntó.

—Sí.

—La mía no. Estás enfermo, pero tienes garaje.

—Tú no lo tienes porque no quieres. Además, preferiría gozar de tu salud: apenas utilizo el garaje.

Había llovido muchísimo en Madrid durante toda la noche. Los tejados chorreaban aún y el cielo continuaba cubierto de unas nubes oscuras, casi negras, lo que proporcionaba al ambiente un tono plúmbeo, una atmósfera cargada, como cuando amaneces con una niebla mental que, aunque indolora, te impide distinguir con claridad el contorno de las cosas (y quizá el de las ideas). La temperatura, de ocho grados, parecía más baja debido a un viento impetuoso que se colaba por las rendijas de la ropa en busca de los huesos.

Ya en el Nissan Juke, me bebí el café de Arsuaga, cuyo recipiente abandoné en el receptáculo para envases situado tras la palanca de cambios.

Aunque el encuentro venía desarrollándose entre la ironía y el humor, presentía yo la amenaza de una tormenta soterrada bajo las bromas de aquellas primeras horas de la mañana.

—¿Adónde vamos? —pregunté.

—A Segovia, a comernos un niño.

Nos costó bastante salir de Madrid, por los atascos de esas horas, y enfilar la carretera del puerto de Navacerrada, pues habíamos decidido evitar el túnel. Finalmente, apenas rebasadas las últimas urbanizaciones, apareció a la izquierda del Nissan un grupo de caballos que pastaba sin prisas bajo un techo abombado de tenebrosas nubes que casi se podían tocar extendiendo los brazos.

—¿No te sorprende —preguntó el paleontólogo— que los animales sepan de la existencia de otros animales y que no sepan nada de la propia?

—Hay mucha gente que conoce todo acerca de los demás y que no sabe nada acerca de sí misma —sentencié.

—No te pierdas, Millás. Psicologías aparte, el hecho de que un caballo sepa que hay otros caballos y que no tenga, sin embargo, conciencia alguna de sí mismo es como para romperte la cabeza.

Ahí, justo ahí, en esa paradoja tan sencillamente expresada, advertí en Arsuaga un punto de incomodidad, quizá de desesperación, del que no supe dilucidar si correspondía al hombre o al científico. «Algo le pasa a este», pensé. De otro lado, admití que llevaba razón: resultaba inquietante saber de la existencia de seres que, reconociendo a los demás, eran incapaces de reconocerse a sí mismos. Ignorar, en fin, que tú eres otro para los otros.

—Mi nieto —continuó el paleontólogo— todavía no se reconoce en el espejo. Aún no tiene yo, pero echa los brazos a su abuela (más que a mí, por cierto), porque sabe que existe la abuela, aunque desconoce la existencia de sí mismo.

—Carece de memoria autobiográfica —señalé.

—Todo esto es un asunto nuclear para tus intereses y los míos: la autoconsciencia, la conciencia, el advenimiento de Dios...

—Por cierto —recordé—, estoy acabando el libro que me recomendaste sobre la memoria.

—¿Cuál?

—*El bazar de la memoria*, de Veronica O'Keane. Ella habla de tres ejes que constituyen los recuerdos: el tiempo, el espacio y la persona.

—Claro. En el recuerdo que me contaste sobre tu padre y el ratón estaba presente tu padre (la persona, y también el ratón, por cierto), Valencia (el espacio) y el tiempo (cuando tenías cuatro o cinco años).

—¿Los primeros homínidos tendrían conciencia de sí?

—No más que los chimpancés, en los que advertimos atisbos de autoconsciencia.

—En el libro de O'Keane —continué— se habla de un experimento por el que le pintan una raya roja a un chimpancé en la cara y luego, al colocarlo frente a un espejo, se toca la raya, no el espejo. Ahí hay algo de yo, ¿no?

—Sí, cuesta Dios y ayuda que lleguen a eso, pero al final llegan. Por eso te digo que los chimpancés están en el umbral de la autoconsciencia, igual que algunos córvidos.

—Para mí, la cuestión es si el yo se lo vamos introduciendo los adultos al bebé o si le va surgiendo de dentro. O si acaso se trata de una mezcla de las dos cosas.

—No dejas de insistir en eso, pero yo creo que la mente es grupal —reflexionó Arsuaga—. Tu mente no es tuya, es de tu comunidad lingüística, la mente es colectiva. Los pertenecientes a un grupo pensamos más o menos igual, compartimos ideas, conceptos, tabúes que pueden cambiar o no con el paso del tiempo. En España, por ejemplo, ha cambiado nuestra visión sobre los homosexuales: ya no son objeto de burla. Tampoco hacen gracia ahora los chistes de gangosos.

—¿Viste el programa de la tele en el que Alfonso Guerra se quejó amargamente de que ya no se pudieran hacer chistes de homosexuales ni de enanos?

—No.

—Pues ardieron las redes, como suele decirse. Quedó fatal.

—No me extraña.

—Pero eso de la mente grupal... —dudé—. No sé, a veces se dice de alguien que tiene mucha personalidad, que es como si dijéramos que posee mucha individualidad, ¿no?

—Con esa expresión —señaló Arsuaga— suele aludirse a cuestiones de orden subjetivo de las que hablaremos luego.

El coche ascendía con suavidad por el puerto. No había tráfico. Nos deslizábamos prácticamente solos sobre la cinta negra del asfalto, que serpeaba delante de nuestros ojos como si estuviera viva. El paisaje, a estas alturas, se había vuelto otoñal. Había sobre la tierra cientos de hojas que daban la impresión de palpar el suelo, como si fueran manos vegetales a las que se les hubiera perdido algo. Algunas de ellas se mantenían unidas todavía a los árboles por un filamento a punto de romperse, mostrando al mundo una variedad de tonos que iban de los pardos a los amarillos, pasando por los púrpuras o escarlatas. Anunciaban, con todo ese griterío cromático, su caída inminente; caída que, lejos de parecerse a una derrota, evocaba las complejidades de una sinfonía.

—Hemos venido por el puerto —intervino Arsuaga— para disfrutar de este espectáculo. Es increíble que esto exista y que ahora mismo solo estemos viéndolo tú y yo. Fíjate en los colores del arce. Las hojas del arce enrojecen antes de caer. Hay muchos en esta vertiente de la sierra.

Atravesábamos bancos de niebla de densidades diferentes que hacían el efecto del tren de la bruja de las verbenas al entrar y al salir del túnel. Algunos eran tan espesos que teníamos que circular casi a coche parado. La situación nos ponía nerviosos, pero nos hacía gracia al mismo tiempo. Esa mezcla de desasosiego y risa que hace tan felices a los niños.

—Esto es lo que tiene escaparse del colegio un miércoles cualquiera —destacó Arsuaga.

Cuando iniciamos la bajada del puerto, la niebla se disipó por completo dando paso de súbito a una luminosidad excesiva. Los rayos del sol se reflejaban en el asfalto húmedo, así como en la abundante vegetación de la que estábamos rodeados. Las hojas de los pinos brillaban como agujas de plata. La luz era tan cegadora que nos obligaba a entornar los párpados.

—¡Maldita sea! —exclamé—. No se me ha ocurrido traer las gafas de sol.

—A mí tampoco —lamentó Arsuaga—, parece mentira, con lo oscuro que estaba en Madrid...

Una vez que nuestros ojos se acostumbraron a la claridad, el bosque, con todos y cada uno de sus árboles, adquirió una relevancia de carácter lisérgico. Descendíamos despacio, casi a cámara lenta, pues seguíamos solos por la estrecha cinta de asfalto que se abría en medio de la naturaleza. Nos daba un poco de risa el asombro que nos producía el paisaje otoñal al que acudíamos en tan contadas ocasiones, pese a tenerlo al alcance de la mano.

—¿No te apetecería hacer pis aquí? —propuse.

—Pues sí, por qué no.

Como la carretera, muy angosta, carecía de arcén, el paleontólogo dejó medio automóvil fuera del asfalto, peligrosamente inclinado hacia una hondonada.

Tras elegir (por mero instinto mamífero, supongo) cada uno de nosotros un árbol, nos pusimos a ello y yo pensé que lo que estábamos llevando a cabo en medio de esa naturaleza tan feraz, con los zapatos mojados por la hierba, era una oración, más que una descarga de carácter fisiológico. Mientras la orina golpeaba la base del pino, mis pulmones recibían el aire, todavía impregnado de la humedad de la noche, y parte de ese aire, podía notarlo, llegaba a los alvéolos para atravesar sus delgadísimas paredes y penetrar en la red de los capilares sanguíneos anexos, desde donde el oxígeno alcanzaría las partes más alejadas de mi geografía corporal. Me pareció increíble: había un intercambio entre lo que yo daba a la tierra y lo que la tierra me devolvía. Cuando, de regreso al coche, aludí a este cúmulo de sensaciones, el paleontólogo me preguntó si había fumado algo. Pero él también estaba eufórico. Al poco de arrancar, sin embargo, compuso un gesto de seriedad y dijo sin dejar de mirar al frente:

—Te tengo que dar una mala noticia.

—¿Qué pasa? —pregunté.

—En el conflicto mente/cerebro, no nos podemos entender. Yo seguiré diciendo cerebro donde tú dices mente, y tú seguirás diciendo mente donde yo digo cerebro.

—Pero tú también utilizas la palabra *mente* con frecuencia.

—En sentido figurado, siempre en sentido figurado. A los científicos, para hacer divulgación, no nos queda otra que recurrir a las metáforas. ¿Recuerdas cuando, en los comienzos de este libro, te presenté a Rodrigo Quian?

—Sí, el investigador de la neurona de Jennifer Aniston. Descubrió que una célula del hipocampo solo se activaba al mostrar a los voluntarios una foto de la actriz o de alguien o algo relacionado con ella.

—Pues no entendiste lo que te quiso decir. Te enfadaste con él.

—No me enfadé con él, pero me dio la impresión de que se refería al cerebro y a la mente como si fueran la misma cosa y le pregunté si le parecían lo mismo.

—¿Y?

—Digamos que su respuesta fue un poco áspera, por no decir condescendiente. La recuerdo muy bien: «Es que son la misma cosa. Se llama materialismo», dijo con un tono de suficiencia innecesario, como si él detentara el monopolio del materialismo y se dirigiera a un pobre ignorante idealista. Yo también me considero materialista, pero, como te he dicho en alguna ocasión, creo que la bilis y el hígado no son la misma cosa, como no son la misma cosa el pedazo de mármol del que Miguel Ángel obtuvo la *Piedad* y la escultura en sí. Admito que no habría bilis sin hígado ni *Piedad* sin mármol. Tampoco habría mente sin cerebro, pero...

Arsuaga me miró con una sonrisa en la que había algo de ironía y algo de nostalgia, como si me dijera, ahora con el gesto, que no había manera de que nos entendiéramos, que nuestra relación había llegado hasta donde era posible, que las cosas no daban más de sí.

—No tenemos vocablos comunes para referirnos al cerebro y a la mente —insistió—. Donde yo pronuncio *hipocampo*, tú pronuncias *recuerdo*.

—¿Quieres decir que la nomenclatura que utilizamos al hablar del cerebro es distinta de la que usamos para nombrar lo que el cerebro exuda?

—Nos servimos de lenguas distintas —reiteró—. La incomunicación, créeme, es absoluta. Yo menciono las neuronas o los axones, por ejemplo, y tú sigues empeñado en hablar de los recuerdos o de las crisis de angustia.

—Es que...

—Espera, deja que aparque.

Habíamos llegado a Segovia. La aparición del acueducto, frente a cuya mole de granito, tan liviana pese a su volumen, nos detuvimos unos instantes en silencio, marcó una tregua. Creo que cada uno por su cuenta decidió aplazar la discusión. Pero nuestro ánimo, el mío al menos, se había ensombrecido por el aire de despedida que marcaba el encuentro. Arsuaga y yo no habíamos logrado hacernos amigos. Tampoco adversarios. Él no había estado nunca en mi casa, ni yo en la suya. En las entrevistas, solíamos decir que éramos algo, aunque ignorábamos qué. La pregunta que yo me hacía entonces, y que quizá se hiciera también él, era si hallaríamos excusas para continuar viéndonos tras acabar la trilogía que nos habíamos propuesto escribir y que culminaba con este último capítulo sobre la conciencia. Quizá no, tal vez no diéramos con esas excusas, lo que para mí al menos constituiría una pérdida. Ese sentimiento de pérdida, me dieron ganas de preguntarle, ¿en qué parte del cerebro se almacenaba? ¿Sería alguien capaz de extraerlo en su materialidad, si la tenía, y mostrármelo tras abrirme la cabeza?

Subimos en silencio hasta el mirador desde el que mejor se aprecia el cuerpo de la Mujer Muerta, pues así se denomina una formación montañosa de la sierra de Guadarrama cuyo nombre se debe a su perfil, que desde ciertos ángulos evoca la imagen de una mujer tendida. Una guía joven explicaba en inglés a un grupo de turistas la leyenda que daba nombre a ese raro conjunto rocoso. Cuando el grupo se retiró, nos acercamos al antepecho del mirador y, mientras observábamos a la difunta de piedra, el paleontólogo dijo:

—Hay un momento en la historia de la humanidad en el que el mundo se animó, se llenó de espíritus, de almas, y el paisaje empezó a hablar al hombre. Debió de ser en el Paleolítico superior, con las primeras manifestaciones del arte. El territorio, el paisaje, el horizonte se convirtieron en algo trascendente, en algo sagrado, distinto. El entorno comenzó a contarnos su vida, sus historias. Es uno de los momentos más gloriosos de la existencia de los seres humanos. Los animales no ven formas porque la mayoría son olfativos. Solo los primates somos visuales.

—Se buscaba en el paisaje una explicación del mundo —aventuré.

—No creo que buscaran nada. Se limitaban a escuchar lo que les decía el entorno. Ahí es donde aparece un fenómeno curiosísimo y exclusivo de la mente humana: la pareidolia, que, por decirlo rápido, es esa manía que tenemos de percibir caras u otras formas que nos resultan familiares en las nubes, o en las rocas o en las manchas de musgo, en todas partes.

—Quizá como un modo de dar sentido a lo que vemos —insistí.

—Quizá, no sé. Este fenómeno debe de aparecer con el *Homo sapiens*. En su grado extremo puede resultar patológico, pero en su forma benigna es universal. Nos ocurre a todos.

—En los azulejos de mi cuarto de baño —recordé— suelo ver el rostro de un tío mío, pero muy deformado, con los pelos de punta, ardiendo, y con la boca abierta igual que el personaje de *El grito*, de Munch. Me agobia porque parece que me pide socorro. Hay días en los que lo veo y días en los que no.

—Cambia los azulejos —me recomendó Arsuaga—. *Pareidolia* viene de la combinación de dos términos griegos: *para*, que significa «al lado de» o «junto a», y *eidolon*, que quiere decir «imagen», «ídolo». O sea, hallar una forma paralela o semejante a otra.

—Esta búsqueda de patrones en elementos casuales de la realidad —apunté— puede llegar a enloquecer. Les ocurre a los matemáticos, ¿no? Me viene a la memoria John Nash, el premio nobel. Leí su biografía, *Una mente maravillosa*, y luego vi la película, que tampoco estaba mal. Enloqueció cuando comenzó a buscar mensajes ocultos en los anuncios por palabras de los periódicos y en algunas noticias.

—Lo recuerdo —señaló Arsuaga—. El islam prohíbe la idolatría porque considera que la unicidad absoluta de Dios es incompatible con la adoración de imágenes o ídolos que lo intenten representar.

—La iconoclastia —resumí.

—Que, literalmente hablando, significa «romper ídolos». Pero a lo que íbamos, Millás: esta capacidad única de los seres humanos para descubrir caras o rostros o animales en las manchas de la pared o en los azulejos del cuarto de baño o en las nubes, yo qué sé, es lo que hace que el paisaje se anime, que cobre alma, que nos cuente historias.

Tras abandonar el mirador, callejeamos al azar por el barrio judío, a ratos sin decirnos nada, a ratos haciendo comentarios banales sobre esto o sobre lo otro, como si nos faltara el ánimo preciso para enfrentarnos al asunto que realmente nos había llevado hasta allí. El sol de finales de otoño, al ascender, atravesaba nuestra ropa de abrigo proporcionándonos un calor interno que nos aliviaba del frío mental. Pesaba sobre ambos la idea de que habíamos dejado inconclusa la conversación sobre la dicotomía mente/cerebro, que en algún punto sería preciso retomar.

Entre tanto, el paleontólogo se detuvo en una esquina especialmente solitaria de aquel retículo callejero y me preguntó si había leído los *Cuentos de así fue*, de Rudyard Kipling; los *Just So Stories*.

—No lo recuerdo —respondí.

—Deberías leerlo —dijo—, llegas tarde para tus hijos, pero podría valerte para tus nietos. Son historias tipo: «Cómo consiguió el elefante su trompa», «cómo consiguió la ballena sus barbas», «cómo comenzó la escritura», etcétera. Son espléndidas, maravillosas. Todas deberían empezar con la frase: «Hijo mío, has de saber...». El hijo de Kipling, por cierto, era miope, y por eso no fue admitido en el Ejército británico ni en la Marina Real en la Primera Guerra Mundial. Así que se alistó en los Guardas Irlandeses y una bomba lo reventó en las trincheras de Pas-de-Calais. Kipling escribió entonces un poema, muy repetido después, que decía: «Si alguien pregunta por qué hemos muerto, decidles: Porque nuestros padres mintieron».

—Un buen manifiesto antibelicista —señalé—. Pero ¿en qué nos concierne a ti y a mí todo esto? ¿Adónde quieres ir a parar?

—Cuando alguien viene con alguna teoría científica, se dice: «Eso es una *just so storie*», es decir, algo que no está demostrado, una ocurrencia. «Cómo el hombre consiguió su yo», habría dicho Kipling a eso que tanto te preocupa. Los chimpancés y algunos otros animales sociales intentan leer la mente de los demás para adivinar lo que piensan o para evaluar su estado de ánimo a fin de anticiparse a sus actos o para manipularlos.

—La teoría de la mente, de la que hablábamos en el capítulo catorce de nuestro primer libro —recordé.

—La teoría de la mente, sí. En eso es en lo que consumimos todo el tiempo: en leer la mente de los otros, sobre todo a través del lenguaje corporal, que no engaña. Me puedes decir que te ha gustado mucho un regalo que te acabo de hacer, pero me fío más de la cara que pones al abrirlo que de tus palabras.

—La comunicación no verbal —expuse al venirme a la memoria una lectura antigua sobre el tema— no se puede fingir, a menos que seas un gran actor, porque no está codificada.

—Volvamos a Kipling —dijo Arsuaga, que daba la impresión de buscar la forma de revelarme algo—. ¿Qué diría Kipling para explicar cómo consiguió el hombre su yo?: «Hijo mío, has de saber que es muy difícil engañar a los demás con el cuerpo y la cara, aunque podemos engañarlos con la palabra. Es muy difícil fingir alegría cuando estás triste o decepción cuando estás encantado...».

Se me ocurrió que era muy difícil para nosotros fingir alegría cuando sobre los dos pesaba el final de un proyecto en el que habíamos empleado varios años de nuestra vida.

—Está muy bien —continuó Arsuaga en un tono especialmente grave— que yo sepa lo que estás pensando para manipularte, pero para manipularte bien tendría que saber cómo me ves tú a mí. La única forma, en fin, de resultar eficaz es que te des cuenta de lo que ve el otro en ti. Te tienes que poner en el lugar del otro para verte a ti. Y ahí aparece el yo. Empezamos a vernos a nosotros mismos en el espejo de los otros. La mirada del otro es nuestro espejo. Para saber cómo debo modular mi imagen necesito saber cómo me ves tú. Toma nota de esta *just so storie*: descubrimos nuestra existencia gracias a la existencia de los demás. Muy cerca de aquí, aunque no nos dé tiempo a visitarla porque se nos echa encima la hora de comer y a ti te da el ataque de hipoglucemia, está la casa de Machado, la pensión, más bien, en la que vivió cuando daba clases en Segovia y en la que escribió aquel famoso proverbio que nos viene de perlas: «El ojo que ves no es ojo porque tú lo veas, es ojo porque te ve».

El paleontólogo había reservado mesa en un restaurante famoso de la localidad en el que los cochinillos asados, en sus fuentes de barro, evocaban las formas de un bebé. Es un lugar común resaltar este parecido, pero no hemos resuelto la sorpresa de que tal semejanza, lejos de disgustarnos, nos abra el apetito. Pedimos una ensalada, unos torreznos y dos raciones de cochinillo, todo acompañado de un vino, Pago de Carraovejas, que Arsuaga aseguró conocer muy bien y que resultó excelente.

Una vez templados los cuerpos con los primeros bocados y los primeros tragos, nos vino a la memoria el asunto de la conocida como «tragedia de los Andes», sobre la que Juan Antonio Bayona estaba a punto de estrenar una película, *La sociedad de la nieve*. Al poco, el paleontólogo me preguntó:

—¿Te das cuenta de lo que estamos hablando?

—No sé —dije—, de cosas.

—De cosas no: de canibalismo. Hablamos de canibalismo mientras disfrutamos de esta carne tan tierna y tan sabrosa, y con una corteza tan crujiente.

—¿Será casualidad?

—Será —concluyó el paleontólogo.

Permanecimos unos instantes en silencio, soportando ambos el clima crepuscular que emanaba aquel encuentro mientras apurábamos la carne pegada a las frágiles costillas del cochinillo asado. Finalmente, atacó Arsuaga:

—Vamos a ver, Millás...

Pronunció esta frase, «Vamos a ver, Millás», y se detuvo unos segundos. Dudaba, pensé, de que yo fuera a comprender lo que se disponía a explicarme. Luego, tras apurar la copa de vino, continuó:

—Este animalito, del que nos podríamos comer hasta los huesos, era un ser vivo que sentía y padecía porque tenía consciencia, pero no autoconsciencia. Hay con eso una confusión en la que está implicada la subjetividad humana. Digo la subjetividad humana porque los animales también tienen su subjetividad, es decir, sienten y padecen, ven el mundo desde una perspectiva individual y única. Son ellos mismos, lo que pasa es que no lo saben. Los humanos, en cambio, sabemos que existimos. Yo sé que lo que me duele o me alegra me duele o me alegra a mí, que soy yo quien siente y quien padece, quien tiene hambre o frío o ganas de hacer pis. ¿Te das cuenta?

—Creo que sí.

—A veces se ha comparado la vida psíquica animal con la de un ser humano cuando sueña. Cuando sueñas, ¿sabes que eres tú el que sueña o te limitas a sentir o padecer como un animal?

—No sé, tendría que pensarlo.

—Yo creo que no sabes que eres tú el que sueña; si lo supieras, sabrías que se trata de un sueño. En fin, lo piensas y me dices. Luego volveremos al asunto de la subjetividad humana, pero no se la niegues a los animales. De hecho, procuramos no maltratarlos porque sabemos que sienten y padecen. Podemos maltratar sin remordimientos a nuestro coche, que es una máquina eficaz, que ni siente ni padece. Más aún: yo no juzgaría a un caballo por tirarme al suelo, porque no es responsable de sus actos.

—Porque no tiene yo —apunté.

—Exacto, porque no tiene yo. Cuando mi nieto se hace caca encima, no me enfado porque no es todavía responsable de sus actos. Tampoco tiene yo. Ahora bien, si siguiera haciéndose caca encima con cuatro años, intentaría corregirle porque ya sería consciente de sus actos. ¿Me sigues?

—Te sigo, pero no sé adónde vamos.

—¿Cómo te lo explicaría? Mira, nos enfrentamos a un doble problema. Uno está resuelto o en vías de solución desde el punto de vista científico. Sabemos en gran medida cómo se crean los recuerdos, las emociones, etcétera. Sabemos cómo, debido al alzhéimer, por ejemplo, se pierde la memoria. Sabemos que hay gente que se queda sin habla por un accidente en el área de Broca del cerebro o que se queda ciega, sin daño en los ojos, por una lesión en la corteza visual del cerebro. Sabemos que la gente se vuelve pasiva si se le extirpa o sufre una lesión en el lóbulo central. Sabemos que no se pueden formar nuevos recuerdos sin al menos uno de los dos hipocampos. Sabemos que alguien a quien se le extirpan las dos amígdalas cerebrales deja de sentir miedo ante las situaciones más terribles. La maquinaria del pensamiento puede ser comprendida por la ciencia mecanicista, en fin. Eso es así, es un hecho. El universo es una gran máquina y el cerebro humano es simplemente una máquina muy compleja, la más compleja de todas.

—Vale, ¿y lo otro? ¿Qué pasa con lo otro, con lo que tú llamas subjetividad?

El paleontólogo compuso un gesto de impotencia:

—La subjetividad, la experiencia personal —dijo—, la autoconsciencia, eso no está resuelto. Pero no es lo que me interesa ahora.

—¿Qué, entonces?

—Me preocupa que no quede bien claro que lo que tú llamas mente y que otros llaman alma, espíritu, aliento o energía no son sino máscaras de lo que es pura y simplemente información. Toma nota, y en mayúsculas: todo eso no es más que INFORMACIÓN. La aparición de los ordenadores, con el hardware y el software, nos ha hecho mucho daño en este sentido porque se ha caído en el error de identificar el hardware con el cuerpo y el software con el alma. Pero el software es INFORMACIÓN. Punto. ¿Recuerdas las tarjetas perforadas que te enseñé en el Centro de Proceso de Datos de la Complutense, con las que hice mi tesis doctoral?

—Las recuerdo.

—Pues aquellos agujeros eran información. El software, incluso cuando es un agujero, se puede tocar. Es completamente material.

—No estoy seguro de que los agujeros estén compuestos de materia —bromeé.

—El problema —continuó sin reparar en mi comentario— es que la gente identifica la información con el alma.

—¿Estás diciendo que la última máscara del alma es la información?

—Sí, la gente cree que el software es una cosa inmaterial que habita en el interior de los ordenadores. El alma va cambiando de nombre desde el principio de los tiempos, pero no deja de manifestarse. Para los verdaderos materialistas resulta agotador.

—Ya estás tú también haciendo distinciones entre materialistas buenos y malos —me quejé.

—Pues sí, qué remedio. Mira, toda la neurociencia importante es española. Toma nota de este nombre: Rafael Lorente de No.

—¿Lorente de No? ¿Es un pseudónimo?

—Qué va. Se apellidaba Lorente de No, de verdad, murió en el 90 o en el 91, creo. Él, junto al psicólogo canadiense Donald O. Hebb, desarrolló una teoría que se podría resumir en que las neuronas que se disparan juntas permanecerán conectadas.

—¿Y cuándo se disparan muchas neuronas juntas?

—Cuando el recuerdo está contaminado de una gran carga emocional, por ejemplo. De ahí que haya cosas que se olviden y cosas que no.

—¿Y qué diferencia habría entre un recuerdo olvidado y un recuerdo reprimido?

—Eso es psicología, subjetividad, no entro ahí. Ya te he dicho que el asunto de la subjetividad no está resuelto.

—Pongamos la angustia.

—La angustia es un sentimiento subjetivo.

—Intersubjetivo, más bien. La sufre todo el mundo.

—Pero pertenece a la experiencia personal. Los cromosomas de nuestras células son soportes de información y son pero que muy físicos; de hecho, se conservan durante miles de años, como los de los neandertales, aunque muy degradados. El lenguaje de los ordenadores es binario (ceros y unos). Es decir, hablamos de un sistema de codificación de base dos. Los genes son un sistema de información codificada de cuatro dígitos o letras, es decir, de base cuatro. Hasta aquí, todo perfecto: la información tiene una base material. ¿Recuerdas la diferencia entre lo analógico y lo digital de la que hablamos en su día?

—Creo que sí: lo digital se representa con valores discretos, es decir, aislados, ceros y unos, por ejemplo, y específicos, mientras que el mundo analógico es un continuo que se manifiesta en formas físicas variables.

—De acuerdo. Esto es muy importante, porque si el cerebro fuera digital, como un ordenador, no entenderíamos por qué un ordenador no podría tener conciencia, ya que procesa la información por medio de programas (los algoritmos) exactamente igual que lo haría un cerebro, si este, insisto, fuera una máquina digital.

—¿Y bien?

—Y bien, la información genética es digital. Funciona como una máquina, es mecanicista. Y ahora viene la gran pregunta: ¿el cerebro es analógico o digital? ¿Hay un lugar para el misterio o es todo puro mecanicismo? ¿Podrían tener las máquinas conciencia? ¿Les serviría para algo disponer de ella? ¿Nos sirve de algo a nosotros lo que venimos denominando subjetividad?

—¿Cómo que si nos sirve de algo? —me extrañé.

—Imagina que enviamos a Marte un robot capaz de recoger la misma información que recogeríamos nosotros sobre aquel planeta. Me refiero a un robot autosuficiente, capaz de autorrepararse, de tomar la energía del sol para funcionar y de analizar todas las muestras de los materiales que le salgan al paso, capaz incluso de autorreplicarse. ¿Nos vendría bien que, además de todas esas capacidades, tuviera subjetividad?

—Para los efectos para los que lo hemos enviado a Marte, no.

—De acuerdo, puede incluso que la subjetividad, en su caso, fuera un estorbo. Se pasaría el día pidiéndonos mejoras, quejándose del frío o del calor o de la soledad o de lo que fuera. A ti te cuesta imaginar, me lo has dicho muchas veces, que el sentimiento de culpa, por poner otro ejemplo de los que más te gustan, tenga un soporte material.

—Me cuesta imaginar que sea pura información tangible, sí. No imagino el sentimiento de culpa sin el cerebro, pero tampoco soy capaz de tocarlo como una de tus tarjetas perforadas. No creo que puedas mostrármelo en las neuronas ni en las hormonas ni en ningún otro sitio, fuera de la mente.

—Ya te he dicho que ahí, en lo que se refiere a la subjetividad, admito la existencia de un misterio. La pregunta, y toma nota de ella, porque se trata de una pregunta acojonante, sería, y escríbelo en mayúsculas: ¿PARA QUÉ RAYOS SIRVE LA SUBJETIVIDAD?

—No sé, supongo que es adaptativa, como todo —repliqué.

—Pues no, la subjetividad no es adaptativa, no sirve para nada. Imagina uno de esos aspiradores domésticos, una Roomba. Limpia toda la casa, que tiene perfectamente cartografiada en sus circuitos electrónicos, y cuando se le está acabando la batería, vuelve a la base y se autorrecarga. ¿Ha sentido hambre? ¿Necesitaba tener hambre para autorrecargarse?

—No.

—¿Y por qué nosotros sí? ¿Por qué nosotros necesitamos tener hambre para comer?

—No sé —dudé.

—Pues aquí me paro, porque aquí, en este punto, es donde llego a la conclusión de que la subjetividad, que es consustancial a la especie humana (pero no solo, creemos que también la tienen muchos animales), no sirve para nada, puesto que podríamos hacer las mismas cosas que hacemos sin ella. Aquí es donde me vuelvo loco —añadió francamente desesperado, no sabría decir si como científico o como hombre o en calidad de ambas condiciones—. Eso no quiere decir que renuncie a encontrar el soporte físico de la subjetividad. Empeñaré mi vida en ello.

Me quedé sin respiración, la verdad, ante lo estremecedor, por una parte, y lo evidente, por otra, de su revelación. En esto, el camarero nos ofreció los postres. Arsuaga, recuperado de su crisis existencial, pidió un ponche segoviano.

—Es excelente —aseguró desde su subjetividad inservible.

—Pues yo quiero lo mismo —concluí desde la mía, inservible también.

Dimos cuenta del ponche en silencio, poniendo en ello toda nuestra experiencia íntima, todo el placer que éramos capaces de sentir, aunque se tratara de un placer que no sirviera para nada. Cuando nos trajeron el café, Arsuaga me miró largamente y dijo:

—Esto no puede terminar así, Millás.

—Así cómo.

—Hay que añadirle al libro otro capítulo.

—Sobre qué.

—Sobre Dios. Tenemos que ir a ver a Dios.

—No sé lo que quieres decir, pero me apunto.

Once. Fin de fiesta

El 2 de febrero, viernes, amaneció despejado, lo que seguramente, pensé, era bueno para ver a Dios. Arsuaga me esperaba en el portal de su casa, frotándose las manos por el frío, quizá por la impaciencia.

—¡Deberíamos haber quedado antes! —se quejó mientras nos dirigíamos a su coche.

—¡Son las ocho de la mañana! —exclamé—. ¿Dios no es capaz de esperarnos un poco?

—Quizá no. A ver dónde aparqué yo ayer por la noche.

Recorrimos su calle de arriba abajo un par de veces y al fin le vino a la memoria que lo había dejado en la paralela al no encontrar sitio en la suya.

Ya en el interior del automóvil, y después de que arrancara, le hice una pregunta a la que venía dándole vueltas desde hacía tiempo:

—¿Qué te parecería comparar el cerebro con un país?

—¿Qué clase de país?

—No sé, uno grande. Rusia, por ejemplo.

—Rusia necesita tener ese tamaño para ser grande. El cerebro es grande sin necesidad de recurrir al gigantismo —dijo.

Luego permaneció en silencio unos instantes, atento a las instrucciones de la pantalla del móvil, donde aparecía el itinerario con menos densidad de tráfico.

—No sé si hacerle caso —dijo refiriéndose al navegador de Google—; a veces, por ahorrarte un minuto, te obliga a dar mil vueltas. Este algoritmo no está bien de la cabeza.

Finalmente, decidió plegarse a las instrucciones del aparato y se relajó un tanto. Entonces se volvió hacia mí y terminó su respuesta:

—El cerebro, como te he dicho, apenas representa el dos por ciento del peso del cuerpo y entre el dos y el tres por ciento de su volumen. Pero el noventa y ocho por ciento restante no podría vivir sin él. El cerebro es Rusia sin necesidad de ser Rusia.

—Vale —concedí—, pues comparémoslo con una ciudad de provincias.

—¿Adónde quieres llegar?

—Si lo comparáramos con una ciudad, podríamos dividirlo en zonas. Aquí está el casco antiguo, aquí el ensanche, aquí los barrios periféricos...

El paleontólogo compuso una expresión que intentaba ser neutra, incluso un poco concesiva, tal vez para no herirme. Me di cuenta de que el salpicadero del Nissan Juke mostraba abundantes escaras, propias de la vejez.

—¿De dónde has sacado esa comparación? —preguntó.

—Se me ha ocurrido a mí —dije—. A veces se me ocurren cosas.

—Ya. Y, según esa analogía, ¿a qué zona correspondería el hipocampo?

—A la ciudad histórica, porque ahí es donde se almacena la memoria, ¿no?

—No. Ahí se forman los recuerdos, pero no se guardan para siempre en el hipocampo. Se almacenan definitivamente en el lóbulo frontal. Luego te lo explico. ¿Y en qué parte del cerebro, según tú, estaría la zona de diversión, la zona de copas?

—En la amígdala. Me dijiste que es la estructura más vinculada a las emociones básicas.

—En la amígdala —repitió mecánicamente Arsuaga cambiando de marcha para hacer frente a una cuesta prolongada.

Los dos inclinamos el cuerpo hacia delante, como para ayudar al viejo coche a superar el repecho. Durante unos segundos contuvimos la respiración para hacer fuerza. Superado el peligro, el paleontólogo retomó el asunto:

—Buen intento, Millás, pero a lo que más se parece el cerebro no es a una ciudad, sino a la red de metro de esa ciudad imaginaria, quizá a su red ferroviaria. El conectoma, esa es la palabra. Apúntala.

La apunté.

—Con mayúsculas —insistió.

La apunté con mayúsculas.

—¿Y de qué hablamos cuando hablamos del conectoma? —pregunté.

—El conectoma sería la representación completa de las conexiones neuronales del cerebro. Hablamos de cómo se relacionan entre sí sus distintas regiones. Los circuitos, los cableados, los vínculos... El conectoma es físico, material, se puede estudiar al microscopio.

—Me gusta la imagen de las redes del metro —dije—. Tengo un libro con los mapas de todos los suburbanos del mundo. Es una obra de arte.

—Curiosamente —continuó él—, las zonas de la ciudad que carecen de metro no son siempre las más pobres. En las urbanizaciones de lujo de Madrid, donde viven los futbolistas famosos y millonarios, no suele haber metro.

—¿Las zonas menos conectadas del cerebro pueden ser las más activas?

—No lo sé. Lo que quiero decir es que esa fisicidad a la que me refiero nos permite llevar a cabo un informe científico. Nos permite estudiar los flujos de información y su densidad, del mismo modo que de la observación de la red de metro puedes deducir qué línea soporta mayor número de viajeros, en qué puntos se producen los trasbordos, etcétera. El conectoma humano, en fin, en eso estamos. Hay en marcha un proyecto muy ambicioso que, cuando llegue a su fin, nos permitirá hacer un mapa detallado de todas las conexiones y de los principales flujos de información, porque las neuronas tienen plasticidad, se conectan y se desconectan unas de otras, y así es como se forman los recuerdos y la memoria. El español Rafael Yuste, de la Universidad de Columbia, en Nueva York, ya ha conseguido mapear al completo la red neuronal de algunos gusanos.

—Pero un mapa no deja de ser una representación. Tiene sus limitaciones.

—Claro, pero algo nos dice. Gracias al mapa de carreteras de Google Maps, sabemos que por esta autopista se va a Burgos.

—Así que vamos a Burgos —deduje—. ¿Ahí es donde está Dios?, ¿en Burgos? Ahora me dirás que nos encontraremos con él en el Museo de la Evolución Humana, del que casualmente eres director científico. ¿Eres el CEO de Dios o algo así?

El paleontólogo se rio.

—No —dijo—, no está en el Museo de la Evolución. Ya verás dónde. Mira, yo no quería meterme en muchas profundidades para no liarte, pero, ya que has sido tú el que ha sacado el tema, aprovecharemos este viaje a Burgos para viajar también al cerebro. Viajar al cerebro, lo quieras o no, es un modo de viajar a la conciencia, y de eso va esta historia, ¿no?, de la conciencia.

—De la conciencia, sí —asentí cambiando de cuaderno de notas, pues había agotado el anterior.

—Pues empecemos por lo más sencillo: por los sentidos. ¿Cómo crees que llega la información desde la yema de los dedos o desde la punta de la lengua al cerebro, y a qué partes del cerebro?

—Tal vez del mismo modo que se va de Alameda de Osuna, que es la estación de metro de mi barrio, a Retiro: haciendo trasbordo en Ventas.

—Algo así. Tú conoces los cinco sentidos, ¿no?

—Claro: vista, oído, tacto, olfato y gusto. No sé si se dicen en este orden.

—Está bien así. Lo que quizá no sepas es que hay otros tres.

—¿Qué tres?

—El sentido vestibular, que te informa de tu posición en el espacio. Algunos lo llaman el sentido del equilibrio. Reside en el oído interno y te permite saber si estás de pie, sentado, tumbado o agachado. Si te has emborrachado alguna vez y al meterte en la cama todo te daba vueltas, sabrás de su importancia.

—Pero es un sentido del que no soy consciente —dije—. Puedo opinar de una tela que tiene un buen tacto, o de una bebida que tiene un buen sabor, o de una música que suena bien, o de un paisaje que es muy bello, o de una mermelada que es muy dulce, pero nadie va diciendo por ahí: fíjate qué bien me mantengo en pie, o qué bien me recuesto, etcétera.

—Por suerte para ti no eres consciente de ese sentido. Sería horroroso. Pero no te imaginas cómo lo echan de menos las personas con problemas de equilibrio. Hoy, cuando estemos cerca de Dios, vas a necesitar ese sentido. ¿Tienes vértigo?

—Me acojonas. Por cierto, ¿no te parece que el motor del coche hace un ruido raro?

—Sí, pero cuando lo llevo al mecánico deja de hacerlo, olvídalo. Luego está el sentido de la propiocepción, que nos dota de la capacidad de conocer la posición exacta de todas y cada una de las partes de nuestro cuerpo en todo momento.

—Esto sí que me produce un asombro sin límites. O sea, que yo escondo la mano tras la espalda y sin embargo sé que la tengo ahí detrás. La tengo perfectamente localizada. Y sé, con los ojos cerrados, en qué postura exacta está mi pie derecho.

—Gracias al sentido de la propiocepción sabemos también dónde nos duele con una exactitud increíble.

—¿Y cuál es el tercero de esos sentidos invisibles?

—El de la interocepción, un sentido importante que hoy vamos a poner en práctica.

—¿De qué va?

—De la capacidad que tenemos para percibir las señales internas del cuerpo.

—¿El hambre, por ejemplo?

—Por ejemplo, o las ganas de orinar o la necesidad de tomar aire para respirar. Pero está bien que hayas mencionado el hambre, porque vamos a comer tarde. Con eso me refería a que íbamos a ponerlo en práctica. Los cinco sentidos clásicos (vista, oído, olfato, gusto y tacto) se incluyen en la exterocepción porque te informan de lo que sucede en el exterior del cuerpo. ¿Entendido?

—Entendido y anotado.

—Pues bien, ahora vamos a ver cómo llega la información desde cualquiera de nuestros órganos internos o externos a ese otro órgano, el cerebro, que está completamente a oscuras y encerrado en una especie de caja fuerte que es el cráneo.

—Un órgano —añadí, para dramatizar, pero también para dejar de tomar notas— que no ve nada, que no oye nada, que no huele nada, que parece tonto, aunque se entera de todo lo que ocurre en la geografía corporal, incluso de todo lo que ocurre en las partes más alejadas de esa geografía. Te lo digo porque el martes tuve que ir a la podóloga por un problema en la uña del dedo meñique del pie izquierdo.

—Toda la información le llega a través de los sentidos que acabamos de mencionar —insistió Arsuaga al tiempo de adelantar, no sin dificultades, a un camión que parecía un edificio—. Ahora bien, no todas las partes del cuerpo tienen la misma densidad de terminaciones nerviosas. Las terminaciones nerviosas son los receptores sensoriales. En las manos, los labios o la lengua, por ejemplo, hay una acumulación brutal de estas terminaciones en comparación con las que tenemos en los muslos y en las piernas.

—Es cierto —asentí por propia experiencia. De hecho, fue pensar en la lengua y ponerme a salivar como un loco, pero no sentí nada en los muslos, pese a representármelos.

—¿Te he hablado de Wilder Penfield? —preguntó Arsuaga.

—Creo que no.

—Es un neurocirujano que hacia 1940 creó el concepto de homúnculo sensorial, ponlo con mayúsculas. El HOMÚNCULO SENSORIAL es el dibujo de un hombrecillo completamente desproporcionado. Puedes buscarlo en internet. Tiene unas manos enormes y una lengua gigantesca y unos labios desmedidos también para mostrar aquellas partes del cuerpo más sensibles al tacto.

Saqué el móvil, busqué imágenes del homúnculo de Penfield y era en efecto un monstruo, pero un monstruo que representaba muy bien las zonas más perceptivas de mi cuerpo, las más sentimentales, podríamos decir, las más románticas, si se me permite el exceso. Pensé en un mapa de carreteras en el que las autopistas tuvieran una representación exagerada respecto de las carreteras secundarias.

—Hay un homúnculo sensorial y un homúnculo motor —añadió Arsuaga—. El sensorial recibe impresiones; el motor da órdenes.

—Partes pasivas y partes activas —dije en voz alta al tiempo de apuntarlo en mi libreta.

—Exacto, partes que reciben y partes que provocan, partes que dicen: muévete. El homúnculo sensorial y el homúnculo motor se parecen, con algunas diferencias porque en algunas zonas del cuerpo, como en las genitales, no hay músculos, aunque sí terminaciones nerviosas.

—¿Solo terminaciones nerviosas?

—Sí, solo terminaciones nerviosas.

—¿Por ejemplo?

—En el clítoris, y numerosísimas.

—¿Más que en el pene?

—Infinitamente más. El glande del clítoris tiene muchas más terminaciones que el glande del pene, por eso el orgasmo masculino es una zapatilla comparado con el femenino.

—¿Qué pasa en el cerebro cuando se produce un orgasmo?

—Yo creo que el orgasmo es más de la médula espinal. Al cerebro llega, desde luego, como mera información.

—¿Estaríamos ante un caso de interocepción?

—No se ha descrito como tal porque es el resultado de una estimulación externa: es tacto.

—Pero las fantasías sexuales son internas.

—No pienso picar de nuevo el anzuelo de la subjetividad. Ya piqué cuando comimos en Segovia.

—A mí —apunté para no caer en una discusión inútil— lo que me cuesta entender es que el pie me duela en el cerebro, porque contradice completamente mi experiencia. Yo noto el dolor en el pie, no en el cerebro.

—La paradoja es mayor —subrayó el paleontólogo— si piensas que el cerebro es el único órgano del cuerpo que no duele.

—Pues eso, que lo acepto, pero no lo comprendo.

—Piensa en los miembros fantasma —sugirió—. Te amputan una mano y la mano te sigue doliendo porque el cerebro no ha registrado la pérdida.

—Es un poco diabólico.

—Vale. ¿Recuerdas la expresión *brain in a vat*, que se traduciría como «cerebro en una cubeta»?

—Refréscamelo.

—Se trata de aquella especulación filosófica, muy estimada por la ciencia ficción: si lográramos mantener un cerebro con vida dentro de un recipiente, bañado en un líquido semejante al cefalorraquídeo, bastaría con que estimuláramos algunas de sus partes para que sintiera un brazo que no tiene. O que percibiera un olor a través de una nariz de la que carece.

—Ya, ya —insistí—. Sé que es así, pero no me cabe en la cabeza.

—En la cabeza... Pues ahí es precisamente donde te tiene que caber.

—Entonces, el dolor que yo siento en la rodilla es una alucinación porque donde me duele realmente es en el cerebro.

—No sé cómo llamarlo, pero no es una alucinación, es real.

—Es como si al afeitarme frente al espejo —machaqué—, el que quedara afeitado fuera mi reflejo, no yo. Me duele la rodilla, pero no es la rodilla, es el reflejo de la rodilla en el cerebro. Me parece perverso.

—Deja de darle vueltas. Es así y punto. Lo importante es que ya sabemos cómo llegan todos los sentidos al cerebro, ¿no?

—Sí: a través de las terminaciones nerviosas, más abundantes en la lengua y en los labios que en los muslos y en las piernas. Pobres muslos, pobres piernas. Me viene a la memoria el personaje de aquella película protagonizada por Sylvester Stallone. ¿Cómo se titulaba?

—*Rambo*.

—«No siento las piernas», decía. ¿Sería por eso, por la escasez de terminaciones nerviosas?

—No seas bruto, le habrían destrozado la columna.

—Quería ir al baño y no sentía las piernas. Se han hecho muchos chistes con esa frase.

—Déjate ahora de chistes y vuelve a tomar nota.

—Dame un respiro, me marea escribir con el coche en marcha.

—Hablaré más despacio. Y bien, sabemos que las sensaciones residen en unas áreas de la corteza cerebral. Y volvemos con esto a la magdalena de Proust: hay una corteza olfativa, una gustativa, una táctil, una visual, una auditiva. La olfativa es la más antigua respecto de las otras. El cerebro procesa esa información. Ahora bien, todas las vías nerviosas de los sentidos, menos las del olfativo, pasan por una estructura que se llama tálamo. Esos nervios que llevan la vista, el oído, el gusto y el tacto al cerebro hacen trasbordo, antes de alcanzar su área específica, en el TÁLAMO, con mayúsculas. —Últimamente Arsuaga hablaba en mayúsculas—. En realidad, lo que llevan es información sensorial. Las imágenes y las sensaciones acústicas, de sabor y de tacto se forman en la corteza cerebral, ¿recuerdas?

—¿El TÁLAMO sería como la estación de metro de Puerta del Sol?

—Ya no se llama así.

—Como se llame.

—Compáralo con un gran intercambiador de autobuses, o con la Gran Estación Central de Manhattan.

—Eso ya me lo habías dicho. ¿Y el tálamo es cerebro?

—Claro, pero no pertenece a la corteza, sino que está enclavado en las profundidades del cerebro. Es también una estructura par. Hay dos tálamos, como hay dos hipocampos y dos amígdalas. Menos las esponjas, los corales y algún otro grupo poco conocido, la mayoría de los animales somos bilaterales, casi todo está duplicado en nuestro cuerpo. ¿Me sigues?

Saqué de nuevo el móvil, busqué unas imágenes del tálamo y lo hallé profundamente hundido en las honduras de la masa cerebral, como un garbanzo en el centro de una patata, equidistante de todas sus áreas geográficas, algo así como Bruselas respecto del resto de las capitales europeas.

—Todo pasa por el tálamo —continuaba diciendo el paleontólogo.

—Es el gran intercambiador —repetí.

—Todas las impresiones nerviosas pasan por el tálamo, excepto el olfato. El olfato va por libre. Llega directamente al cerebro; en cierto modo, el olfato es cerebro.

—De acuerdo. Ya han llegado todas las impresiones nerviosas a la estación central, al tálamo. ¿Y ahora qué?

—Ahora, supersimplificando, porque te veo un poco agobiado, toda esa información se dirige a un viejo amigo nuestro, al hipocampo, otra estructura cerebral formada por miles de neuronas agrupadas de tal manera que recuerdan la forma de un caballito de mar. Está situada en los lóbulos temporales, pues hay dos, uno por hemisferio; el hipocampo, por tanto, también es bilateral.

—¿Y qué hace el hipocampo con toda esa información sensorial tan diversa?, porque lo cierto es que vemos al tiempo de oír y quizá de degustar unas lentejas con una cuchara cuyo tacto sentimos en los dedos.

—Con toda esa información sensorial se construyen los recuerdos.

—¿Y eso cómo se sabe?

—Se sabe porque, si te extirpan los dos hipocampos, no puedes elaborar recuerdos.

—¿La memoria se detiene en el momento anterior a la extirpación?

—No en el día antes, sino tres años antes más o menos. La doctora norteamericana Suzanne Corkin, que murió en 2016, estudió durante más de cuarenta años a un paciente conocido por sus iniciales, H. M., al que le habían sido resecados los dos hipocampos casi por completo. Todos los días lo visitaba la doctora, y todos los días el paciente la recibía como si la acabara de conocer. Por supuesto, sabe andar, sabe montar en bicicleta, sabe hablar... Sabe todo lo que sabía hasta que el hipocampo dejó de funcionar. Pero cada día se despierta en una habitación nueva, aunque sea la misma. Lo terrible es cuando se mira en el espejo, porque la imagen que tiene de sí mismo es anterior a la del accidente y lo que ve ahora es un viejo, porque han pasado varios años. Sabemos lo que ocurre en las distintas zonas del cerebro gracias a las lesiones cerebrales. Si alguien tiene dañada la corteza visual, no ve, aunque sus ojos estén perfectamente.

—Miro con el ojo —apunté—, pero veo con el cerebro, del mismo modo que el golpe que me doy en la rodilla me duele también en el cerebro.

—Deja de darle vueltas, te volverás loco.

—El hipocampo es, pues, una autopista central u otro enorme intercambiador.

—Lo que prefieras. Nuestros recuerdos son esencialmente visuales porque somos mamíferos visuales. En nuestros recuerdos el componente visual es el más importante. Lo sabemos por el conectoma, por el cableado. El seguimiento del cableado ayuda mucho.

—¿Y el hipocampo es capaz de albergar los recuerdos de toda una vida?

—No, el hipocampo los elabora y los transfiere, ya te lo he dicho, al lóbulo frontal.

—¿Hace una selección o los envía todos?

—Envía los que son más relevantes, los que se usan más. Se piensa que los transfiere por la noche y que el sueño está implicado en este proceso. Supongo que ya vas viendo el mapa, las líneas de metro.

—Un poco.

—Para que te hagas una idea de la importancia del lóbulo frontal no tienes más que pensar en lo que les ocurre a los que les extirpan la porción anterior, que se llama corteza prefrontal y que participa en la planificación, la toma de decisiones, el control de las emociones, la resolución de problemas y demás tareas que tienen que ver con la iniciativa. El córtex prefrontal es el director de orquesta del cerebro y se puede asimilar a la personalidad. En algunos casos, el lobotomizado se queda en estado vegetativo.

—A una hermana de Kennedy le practicaron una lobotomía y se quedó así.

—Es un caso famoso. Y anota esto también, un pequeño detalle: a cada lado del hipocampo hay una estructura pequeñita, otra vieja amiga que has mencionado antes, la amígdala, la que identificabas con la zona de bares de la ciudad. Y aquí viene Proust, porque el nervio olfativo envía parte de la información a la amígdala, que es la que proporciona a los recuerdos un tono emocional. De ahí que los olores sean capaces de evocar o de reconstruir todo un escenario. Hueles algo e inmediatamente, asociado a ese olor, aparece un recuerdo. Pero para cerrar el círculo del todo vamos a ver qué más cosas tenemos en el hipocampo: células de concepto y células de lugar, gracias a las que reconocemos un sitio por el que hemos pasado. Esto, si lo piensas, es muy importante: tenemos unas células de Aranda de Duero, otras del puerto de Somosierra, otras de las calles de tu barrio, etcétera. ¿No te parece fabuloso?

—Mágico.

—A las otras ya nos referimos al hablar de la neurona de Jennifer Aniston, descubierta por nuestro amigo Rodrigo Quian Quiroga. En el experimento se activaban no solo cuando se escuchaba su nombre, sino cuando se oía el de su exmarido o cuando decían *Friends*. Se activaban con cualquier cosa relacionada con ella.

—Si lo he entendido bien, la neurona de concepto significa que, si yo digo *silla*, tú no necesitas saber si se trata de una silla de tres o cuatro patas, alta o baja, verde o roja, porque tú entiendes el universal *silla*. En otras palabras, la neurona de concepto es capaz de resumir todas las sillas del universo mundo en una. Me viene a la memoria un texto de Borges que habla de lo curioso que resulta que podamos hablar de los pájaros, así, en abstracto, cuando ni siquiera el cuervo de la mañana es el de la tarde, aunque sea el mismo. Decimos *cuervo* y ahí están todos los cuervos y en todas las posturas posibles.

Ya en las proximidades de Burgos, un poco retrasados respecto a lo previsto («teníamos que haber salido antes», repitió Arsuaga varias veces a lo largo del trayecto), el tiempo comenzó a mostrar un ceño distinto al de Madrid. Parecía molesto, como si nuestra presencia le ofendiera. El viejo Nissan sufrió varias sacudidas debido a unas rachas de viento que hacían correr y deshilacharse a las nubes como en una cinta de vídeo acelerada.

—Espero que Dios no esté detrás de esto —dije refiriéndome a la situación atmosférica.

Pero el paleontólogo continuó hablando ajeno a cuanto nos rodeaba:

—Sabemos que la amígdala guarda relación con las emociones, sobre todo con el miedo, que quizá sea la emoción más fuerte de todas, la que permite sobrevivir a los animales.

—¿Y por qué lo sabemos?

—Por lo de siempre: porque si te la extirpan, dejas de tener miedo. Un mono con la amígdala extirpada se tropieza con una serpiente y, en vez de huir, se pone a jugar con ella.

—La idea de una persona sin miedo da miedo. Sería un tema excelente para una novela de Stephen King.

—Y bien, Millás, todo lo que hemos visto hasta ahora se refiere al sistema nervioso central: información que llega a los nervios centrales, que pasa por la médula espinal y que se planta en el cerebro... Pero hay otro sistema nervioso que va por libre y sobre el que no tenemos control alguno, pues el corazón late, lo desees o no. Cuando yo estudiaba, se llamaba sistema nervioso vegetativo; ahora lo llaman sistema nervioso autónomo. El sistema nervioso autónomo va a los órganos del cuerpo y vuelve con abundante información sobre ellos.

—¿Y cuál es la estación de salida hacia las vísceras?

—El hipotálamo, que está, como su nombre indica, debajo del tálamo. La amígdala y el hipocampo están muy conectados con el hipotálamo. Igual te suena esto que te voy a decir: la amígdala cerebral, el hipocampo y el hipotálamo forman parte de lo que se ha llamado el sistema límbico, o cerebro límbico, que se pensaba que era lo que controlaba las emociones y los instintos de los reptiles y de los mamíferos más primitivos, mientras que el cerebro cognitivo, el que piensa, sería la neocorteza de los mamíferos avanzados, con los humanos entre ellos. Hoy la división entre cerebros no está tan clara, pero se sigue hablando del sistema límbico, que también incluiría el cerebro olfativo.

—Me lías, Arsuaga. El cerebro es un país con demasiadas ciudades.

—Voy a parar un momento en esa área de descanso y te hago un mapa.

Nos detuvimos, en efecto, y dibujó un esquema parecido a las líneas del metro de una localidad pequeña.

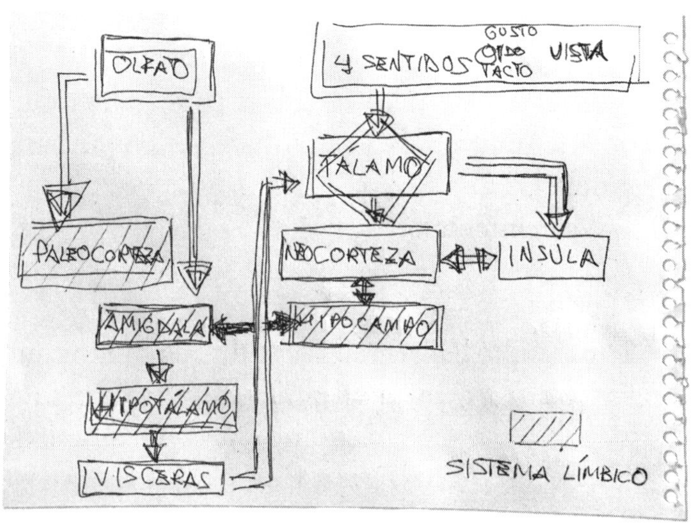

Tras arrancar de nuevo, acepté que era así, pero le dije que me extrañaba y me irritaba que yo no pudiera dejar de respirar cuando quisiera o de bombear sangre a las arterias cuando me diera la gana.

—Uno —añadí— debería enchufarse y desenchufarse a capricho.

—Recuerda el sufrimiento de la computadora HAL 9000 en *2001: Una odisea del espacio*, la película de Kubrick. Se humilla para que no la desenchufen.

—Yo no hablo de que me desenchufen, sino de desenchufarme yo mismo, a voluntad.

—Bueno, el suicidio es una forma de hacerlo.

—El suicidio implica cierto grado de violencia porque tienes que enfrentarte al sistema nervioso autónomo, o como se llame, que se resiste a ser desenchufado, como HAL 9000. Yo hablo del simple acto de activar un interruptor, como el que apaga la luz.

—¿Te apagarías, si pudieras?

—No lo sé, hay días que sí y días que no, pero me gustaría tener esa capacidad. ¿A quién se le ocurriría lo del sistema nervioso autónomo? ¿Qué clase de libertad es esa?

—¿A quién crees tú que se le ocurrió?

—Tú dirías que a la evolución, pero como me has prometido que vamos a ver a Dios, se lo podríamos preguntar a Él.

—Vale, inténtalo.

Dios resultó hallarse en la catedral de Burgos, aunque no en el altar mayor ni en el menor, no en el sagrario ni en la cruz, sino en lo que su arquitectura representaba, es decir, en la luz. Dios resultó ser la luz, y la luz, ¿quién podría negarlo?, nos ilumina a condición de que no la miremos de frente. De que no le hagamos preguntas muy directas.

Allí estábamos, el paleontólogo y yo, frente a la mole de piedra: él, eufórico; yo, algo desilusionado, no porque la catedral me pareciera decepcionante, sino porque en mi ingenuidad neandertal había imaginado un encuentro de carácter más personal con el Todopoderoso. Al observar los pináculos del monumento, que apuntaban obsesivamente al cielo, me vinieron a la memoria los primeros versos de un poema de José María Valverde aprendidos en la juventud:

Señor, no estás conmigo, aunque te nombre siempre.
Estás allá, entre nubes, donde mi voz no alcanza,
y si a veces resurges como el sol tras la lluvia,
hay noches en que apenas logro pensar que existes.

Corría un viento que espantaba a las nubes, que las desgarraba. Casi se podía escuchar desde abajo el ruido del desgarro, como el de una tela al romperse. Algunos de aquellos jirones de vapor de agua se quedaban momentáneamente enganchados a las agujas del templo. El ambiente, allá arriba, en el hondo cielo, resultaba algo dramático, en fin. Y aunque el cuello me dolía por la postura, no dejaba de mirar por si el rostro de Dios apareciera detrás de aquellos cirros, de aquellos cúmulos o estratos, lo que quiera que fuesen, «como el sol tras la lluvia».

El paleontólogo, entre tanto, me explicaba que era un error estudiar el gótico como un orden arquitectónico, porque era mucho más.

—Hace años —añadió— entré con un amigo antropólogo (y ateo, por cierto) en el Duomo de Milán y después de haber avanzado apenas siete u ocho pasos dijo: «Dios está aquí».

—¿Y estaba? —pregunté.

—Estaba su luz. La luz. Esto es lo que quiero que comprendas. Ven, vamos a entrar. Intenta ver el interior de un modo distinto a como te lo explicaron en Historia del Arte, a ver qué pasa.

Entramos en la catedral y, en efecto, sugestionado como me hallaba por las palabras del paleontólogo, no diría que vi a Dios, pero vi la LUZ, con mayúsculas. La luz con minúsculas la vemos todos los días, estamos rodeados de ella, ni siquiera reparamos en su presencia. La luz, al contrario del sonido, no necesita, para propagarse, de un medio material como la atmósfera. Puede hacerlo a través del vacío, como si fuera el contenido y el soporte de sí misma, como si fluyera a través de sí. Como si el vehículo de la luz fuera la propia luz.

El interior de la catedral resplandecía. Podría decirse que había más luz dentro que fuera, porque no es que entrara por los vitrales o por el rosetón o por los vanos del cimborrio, sino que estos, lejos de constituirse en meros elementos pasivos que se dejaban penetrar, parecían tirar de ella, absorberla en cantidades insólitas para después disponerla a lo largo y ancho de sus naves con un criterio de proporcionalidad que sugería la existencia de algún tipo de canon. Una vez atrapada la luz entre los muros de aquel edificio tan pesado, y a la vez tan flotante, se convertía verdaderamente en Dios o en una de sus manifestaciones.

—Este dios —continuó el paleontólogo— no tiene nada que ver con el dios del románico, que se expresa en un lenguaje más popular, más tosco. No tienes más que pensar en las tallas románicas para comprender lo que te digo. La característica de las iglesias románicas, por otra parte, es la oscuridad. El del románico es un dios oscuro. Un poco el dios del Antiguo Testamento.

—Pero eso —sugerí— podía deberse a las limitaciones arquitectónicas de la época.

—Piénsalo al revés. Es la idea de Dios la que da lugar a una u otra arquitectura. Los constructores de estas catedrales, cuyo material principal es la luz, eran gente culta, muy leída, neoplatónicos.

—Ya.

—Todo esto surge alrededor de la abadía de Saint-Denis, en las afueras de París, hacia el primer tercio del siglo XII. El superior de esa abadía, un tal Suger, introdujo en la basílica remodelaciones que tenían que ver con este afán por capturar la luz. Ahí aparecen los arcos apuntados, las bóvedas de crucería y los enormes vanos abiertos en el muro con sus vitrales. En el neoplatonismo, el concepto fundamental es el Uno, que se encuentra más allá de toda existencia material, pero que es, sin embargo, la fuente de toda existencia. Hacia ese Uno puede ascender el alma, que es una entidad espiritual. En el gótico se identifica el Uno, es decir, Dios, con la luz. De ahí la altura de la catedral gótica, de ahí esa aspiración a tocar el cielo. En la luz converge todo, se une todo. Esto no es ya el cristianismo de la tosca talla románica. Es otra cosa. Es otro dios, un dios que en cierto modo se desprende de una filosofía. Dios se manifiesta a través de la luz.

—Ahora bien —me pregunté en voz alta—, ¿cómo atrapar la luz?

—Pues hay que hacer ventanas, claro —respondió Arsuaga—, hay que convertir las saeteras del muro de la iglesia románica, auténticas rendijas, en gigantescos ventanales. En el románico, la bóveda es de cañón, y el arco, de medio punto. Toda la carga se transmite, pues, verticalmente por las paredes, de ahí que necesiten ser tan gruesas. La bóveda, por tanto, no puede ser muy alta. No nos sirve. Este no es el Dios que queremos. Necesitamos unas bóvedas altísimas y que entre la luz por todas partes. La solución es el arco apuntado y la bóveda de crucería, que propagan el peso vertical y lateralmente. La carga se vehicula a través de unos pilares y la reciben afuera los contrafuertes. De este modo, las paredes no soportan peso alguno y se puede hacer una vidriera desde arriba hasta abajo.

A medida que hablaba, el paleontólogo me mostraba las nervaduras por las que circulaba la carga, casi podía verla. Se refería al peso como a un objeto cuya trayectoria se pudiera controlar y modificar obligándolo a viajar por estas molduras o por estas otras, para que no molestara, para que no estorbara, para que dejara paso a Dios, que era la Luz. También imaginé el peso como una idea que se desplazaba de un soporte a otro igual que las neuronas tomaban una línea u otra del suburbano representado por el conectoma cerebral en función de lo que en cada momento resultara más útil.

—Si comparas —añadió— la pesadez y la opacidad de una iglesia románica con una catedral gótica, verás que hay un salto enorme en el grado de abstracción. Las soluciones de carácter técnico están al servicio de una nueva filosofía, de una nueva teología. Sus impulsores no tenían nada que ver con los antiguos monjes. A nadie se le había ocurrido antes cómo evitar que el peso se transmitiera por los muros.

Me hice a la idea de que la catedral era un cuerpo a cuyo interior habíamos accedido a través de una de sus puertas (de una de sus bocas, valdría decir). Tras ser succionados por la nave central, llegamos hasta la vertical del cimborrio, que es la estructura en forma de bóveda o torre que se halla en la intersección de los dos brazos perpendiculares que componen la cruz. El de la catedral de Burgos tiene forma octogonal, lo que permite, una vez más, distribuir el peso de manera equitativa y capturar la luz de aquellas alturas desde todas las direcciones gracias a las grandes ventanas abiertas en cada una de las caras del octógono.

Allí, debajo del cimborrio, bañado por la luz multicolor que se precipitaba desde las alturas como el agua desde un manantial, y con el susurro hipnótico de la voz de Arsuaga de fondo, estuve a punto de caer de rodillas. No lo hice, pero sentí que, de un modo u otro, tras haber sido tragado por el edificio y haber recorrido su esófago, había ido a parar a la zona donde los visitantes son digeridos por un prodigio arquitectónico que calificaríamos de diabólico si no estuviera erigido en nombre de Dios. La digestión se completó en un breve paseo por las capillas laterales, que, para redondear la metáfora orgánica, me parecieron vesículas, es decir, pequeños órganos saculares semejantes a aquellos que en el cuerpo liberan líquidos o contienen neurotransmisores indispensables en las comunicaciones de las células nerviosas. En cada una de estas capillas había una historia relacionada con el santo o la santa a la que estaba erigida o con el personaje enterrado en su interior. Cada una, en sí misma, era un cuento; todas juntas, una novela, además de una lección de historia.

Ya fuera del templo, Arsuaga, que como buen sapiens tiene contactos en todas partes, sacó el teléfono, habló con alguien y enseguida aparecieron tres o cuatro personas que nos dieron la bienvenida. Una de ellas, Álvaro Miguel Preciado, se mostró dispuesta a continuar guiándonos por las oquedades más recónditas de aquel cuerpo extraordinario, pero también por su piel. Para ello, nos condujo hasta un espacio oscuro donde se abría una angosta escalera de caracol, implacable en su verticalidad, por cuyos peldaños comenzamos a ascender como por el interior de un asfixiante tubo.

Iba rozándome los hombros, con la pared de piedra por un lado y con el eje de la escalera, también de piedra, claro, por el otro. Miré hacia arriba y sentí una punzada de claustrofobia al comprobar lo ajustado del conducto vertical. Subí tan deprisa como pude y cuando mi respiración alcanzó el nivel del jadeo, lo que coincidió con la aparición de una pequeña puerta a mi derecha, pedí una tregua al paleontólogo y al guía, que iban delante de mí. Abrimos la puerta y resultó que al otro lado se hallaba la parte interior del cimborrio. Prácticamente suspendida en el aire había una estrechísima galería, el triforio, en la que nos apretujamos para dejarnos bañar por la luz que se filtraba por las vidrieras del octógono. No había piedra, o había desaparecido. Flotábamos en una burbuja de resplandor. Pensé que era algo semejante a asomarse a las ideas de un genio desde un mirador colocado en la parte más alta del interior de su caja craneal. Éramos diminutos con relación al conjunto. Cuando se me acostumbró la vista a aquella extraña atmósfera, me fui fijando en las vidrieras y observé con sorpresa que en una de ellas ponía: «Caja de Burgos».

—¿Qué hace ahí la Caja de Burgos? —pregunté a nuestro anfitrión.

—Bueno —dijo—, todas estas vidrieras son nuevas. Llevan el nombre de quien las patrocinó.

No me pareció bien aquella alianza entre el capitalismo y Dios, pero Álvaro Miguel Preciado aseguró que era normal, que era lógico.

—¿Quién construyó el cimborrio? —me ilustró—. Los que mandaban en aquella época, cuyos nombres o escudos también figuran por ahí. ¿Quién restauró el cimborrio? La Caja de Burgos, en 2002.

—Está muy bien explicado —acepté—, pero me extraña tanto como si, en vez de poner Caja de Burgos, hubiera puesto Coca-Cola.

Me turbó aquella forma de publicidad bancaria. Algo decepcionado por el hallazgo, y combatiendo el vértigo, miré hacia abajo, hacia el lugar donde se cruzaban las dos naves principales, y pensé en las hipotecas basura y en las acciones preferentes con las que aquella caja habría engañado a sus clientes antes de quebrar.

Pero entonces ocurrió algo insólito, y es que desde las profundidades de la catedral empezaron a llegar los acordes de un órgano en el que alguien interpretaba *Jesús, alegría de los hombres*, de Johann Sebastian Bach. Nos quedamos aturdidos por el modo en que el sonido y la luz se hermanaban, se entrelazaban, se entretejían, y generaban una trama, en fin, para nosotros, que estábamos solos, solos allí en las alturas, quizá a ochenta metros del suelo, prácticamente suspendidos en el vacío.

Flotábamos.

—Si esto no te parece una respuesta de Dios a todas tus preguntas —me dijo el científico Arsuaga al oído—, es que no tienes entendederas.

Tras recuperarnos del milagro, abandonamos la caja craneal del cimborrio y continuamos ascendiendo por la angosta escalera de caracol, por la que brotamos al tejado del edificio. Desde allí se veían muy bien los arbotantes encargados de vehicular las distintas presiones ejercidas por la piedra hacia un lado u otro. Tanto las tejas como los muros aparecían cubiertos por líquenes que formaban alfabetos secretos. Me detuve a observarlos un instante y comprobé que, además de un abecedario oculto, no era difícil hallar en aquellas grafías rostros semejantes a los que la pareidolia nos empuja a descubrir en los azulejos de los cuartos de baño o en las formas de la naturaleza. No sabía uno a qué prestar atención, si a lo micro, representado por el musgo y los líquenes, o a lo macro, compuesto por las gárgolas, los pináculos, las torres... Todo ello sin dejar de atender al espectáculo atmosférico, pues en aquellas alturas el viento soplaba con más fuerza que abajo, y las nubes parecían correr y deshacerse más deprisa también. Un cuervo atravesó el cielo dando gritos, como si nos advirtiera de algo.

Y mientras la vista, el tacto, el olfato y hasta el gusto recogían las impresiones, rarísimas, provocadas por el hecho de recorrer la piel del cuerpo gótico, el oído escuchaba las palabras de Preciado, el guía, que iba soltando datos biográficos de la catedral, que había empezado a nacer en 1221, un poco a imagen y semejanza de la de París, y (como demostraba la colaboración de la Caja de Burgos) casi no había cesado de nacerse todavía. Hubo, no obstante, un periodo, a lo largo del siglo XV, en el que se completó la mayor parte de su estructura, aunque durante los siglos posteriores no dejaron de realizarse adiciones o modificaciones. De este siglo, del XV, databan también los pináculos instalados sobre las torres, que, despojadas de ellos, mostrarían su enorme semejanza con las de Notre Dame. No había una fecha, pues, en la que pudiéramos afirmar que la catedral había dejado de nacerse.

Por un estrecho pasillo abierto entre las tejas, siempre a punto de perder el equilibrio debido al viento, aunque también a nuestra torpeza, nos dirigimos hacia donde se hallaba situada la fachada central para observar Burgos a nuestros pies, con la sierra al fondo. Pero apenas resistimos allí un par de minutos, pues el sentimiento de superioridad que produce observar la vida desde las alturas quedaba perfectamente contrarrestado por el frío, las corrientes de aire desestabilizadoras y el vértigo, que, para mí al menos, resultaba un peligro constante. Recordé la amenaza de Arsuaga de poner a prueba mi sentido vestibular y tuve que reconocer que la había cumplido.

Nos aventuramos, pues, al interior de la torre sur, en busca de un momento de calma, la recorrimos pisando esqueletos de palomas cuyos huesos crujían bajo la suela de nuestros zapatos. Sonaron unas campanas que daban las doce o la una, no sabría decir porque había perdido la noción del tiempo. El paleontólogo, atento a mis desmayos, sacó de su mochila unas barritas energéticas de las que dimos cuenta concienzudamente, es decir, con la plena conciencia de hacerlo, en actitud pensativa. Yo no veía a Dios por ningún sitio, pero tenía la impresión de que Dios no dejaba de mirarme a mí. El Dios de la luz, pensé, era también el Dios de la tormenta.

Allí mismo, en el interior de la torre, había otra escalera de caracol, de hierro en este caso, por la que se alcanzaba lo más alto de la aguja.

—Estas escalinatas —nos informó Álvaro Miguel Preciado— son coetáneas de la Torre Eiffel y del Golden Gate de San Francisco.

Su parecido, en efecto, saltaba a la vista.

Pensé que no nos invitaría a subir por ellas, pero tanto él como el paleontólogo se mostraban incansables. No cederían hasta alcanzar el punto más alto del edificio, de modo que me resigné y fui tras ellos. Daba la impresión de que ascendíamos por el interior de una aguja de coser gigantesca, aunque sus paredes estaban repletas de calados semejantes a los de los tejidos artesanos. En apenas unos minutos nos hallábamos peligrosamente asomados al vacío desde una altura que preferí ignorar y desde la que se apreciaba la disposición de los tejados de la ciudad y la filigrana del río Arlanzón, todo con aspecto de maqueta, incluidos los ciudadanos diminutos que, allá abajo, sometidos a la fuerza de la gravedad que nosotros desafiábamos, atravesaban las calles pegados a su duro suelo.

—Estos tornillos de hierro se llaman roblones —dijo Preciado—. Los habréis visto en algunas estaciones de metro de Madrid.

Los habíamos visto, pero yo los llamaba remaches, y evocaban también a los que recorrían los nervios de la Torre Eiffel.

El descenso me alivió en parte, pero me dolió también en alguna medida. Cuando te acostumbras a ver el mundo desde las alturas, hay algo humillante en la caída. Y lo cierto es que, más que bajar por las escaleras, caíamos por ellas, pues Arsuaga quería que viésemos el Papamoscas del que ya habíamos hablado al principio del proyecto, un autómata del siglo XVI situado en el interior de la catedral, cerca del órgano, que, cuando da las horas, se activa cerrando y abriendo la boca como si «papara moscas», imitando quizá a los fieles que en la misa bostezan de aburrimiento.

—¡Corre! —me urgía el paleontólogo, pues estaban a punto de dar las dos de la tarde.

Llegamos justo a tiempo. Enseguida, el muñeco, de madera policromada, comenzó a mover el brazo derecho de arriba abajo para golpear una campana mientras llevaba a cabo con la boca los movimientos ya descritos. Daba un poco de miedo, la verdad, como si hubiera salido de la imaginación de Stephen King en vez del taller de un artesano. Nos sonrió y nos enseñó los dientes de un modo verdaderamente maléfico. Parecía un loco.

—Visto —dijo Arsuaga con gesto de satisfacción.

Días antes de nuestro viaje a Burgos, y debido a que yo ignoraba, como era habitual, nuestro destino, le había preguntado al paleontólogo si íbamos a pasar frío o a correr riesgos de algún tipo, pues venía observando que encontraba cierto placer en llevarme al límite de mis posibilidades físicas y psíquicas. Me contestó escuetamente: «Lo más peligroso va a ser el cordero del Ojeda».

Interpreté que se llamaba así, «el Cordero del Ojeda», un yacimiento arqueológico o un valle, no sé, un lugar donde se habían hallado los restos de un cordero prehistórico de cuyo examen se había desprendido un descubrimiento importante. Como, por otra parte, me había anunciado que veríamos a Dios, me vino a la memoria aquella frase de la liturgia cristiana que se recita en la misa: «Cordero de Dios que quitas el pecado del mundo, ten piedad».

Todo casaba, en fin. En la idea, pues, de que el Cordero del Ojeda sería un lugar embarrado o de difícil acceso, le pregunté si me convenía llevar un calzado especial. Me contestó que sí, que botas de montaña. Como no tengo botas de montaña y me parecía un dispendio comprarlas para un solo uso, se las pedí prestadas a un amigo que calzaba mi número.

Bueno, el Cordero del Ojeda resultó ser el cordero asado de un restaurante llamado Ojeda, muy conocido en Burgos. Allí comimos un lechal excelente, un lechal que sabía a Dios porque Dios, como me habían enseñado de pequeño, estaba en todas partes.

Cuando le conté a Arsuaga este malentendido, mientras limpiaba una de las costillas del tierno animal, se echó a reír.

—Todo el mundo conoce este restaurante —me reprochó.

—Es evidente que no —le respondí—. Pero ¿por qué me dijiste que llevara botas de montaña?

—Porque la catedral tiene algo de montaña, ¿no? Te habrías hecho polvo los pies andando por esos tejados con los zapatos que llevas habitualmente. Y los habrías destrozado. Tienes que acostumbrarte a vestir de un modo más deportivo. A ver si te llevo un día a Decathlon.

—Llevas diciendo eso desde hace cinco años.

—Alguna vez será verdad.

Reconfortados por la ingesta de vino y carne, rematada con un postre muy dulce cuyo nombre ahora no recuerdo, volvimos a nuestro anciano Nissan Juke para emprender el regreso a Madrid.

Al poco de arrancar, el paleontólogo dijo:

—Si no te importa, voy a hablar para no dormirme. Desde lo del accidente, he cogido pánico al sueño.

—Vale —acepté—, siempre que digas algo interesante.

—Estaba pensando en el Papamoscas —continuó—, que es un juguete impresionante. Durante los siglos XVI y XVII sentían fascinación por los relojes astronómicos, como el de la catedral de Estrasburgo, y por los autómatas, lo que conduce en parte a la revolución científica del Barroco. Dios cambia, experimenta una mutación producida por algo tan humilde como esos autómatas y por la aparición de los relojes de cuerda. De repente, se empieza a percibir el universo como una máquina, una máquina que se mueve por unas leyes físicas inmutables y predecibles.

—¿Predecibles? —pregunté pensando en los tsunamis y demás desastres naturales.

—Sí, te puedo decir dónde se hallará un cuerpo celeste dentro de cien años.

—¿Y los desastres naturales que nos pillan por sorpresa?

—Mera falta de información, ya lo comentamos en la comida en Barrutia. El hecho de concebir el mundo como una máquina da lugar al nacimiento de la ciencia. ¿Por qué? Porque el mundo, de repente, se puede entender.

—¿Y qué ocurría hasta ese momento?

—Hasta ese momento el mundo se podía admirar y describir, pero no comprender ni interpretar. De súbito, llegan los científicos del Barroco (Copérnico, Galileo, Newton...) y descubren que el mundo es un artefacto que se puede formular matemáticamente. Todo se rige por los principios de la mecánica. Para Descartes, somos máquinas con alma. A continuación, William Harvey descubre la circulación de la sangre y describe al ser humano como un autómata, una especie de aparato hidráulico, pura mecánica, en fin.

—Tengo el tomo de la *Enciclopedia* francesa dedicado a la mecánica y es magnífico, sobre todo por las ilustraciones.

—El mecanicismo... Piensa en ese problema clásico del bachillerato: si un tren sale de Madrid a las cinco y circula a ciento veinte kilómetros por hora, ¿cuándo y dónde se encontrará con otro que ha salido de Zaragoza un cuarto de hora más tarde y circula a cien kilómetros por hora?

—¿Qué quieres decir?

—Que todo es calculable. Se encontrarán a tal hora en tal sitio. Y no falla. Ya hemos cambiado de Dios.

—¿Ya no es el Dios de la luz?

—No, ya no se manifiesta a través de la luz. Ahora estamos ante un dios relojero. Un arquitecto. Galileo dice que el mundo es la carta que Dios escribe a los hombres y que está escrita en un lenguaje matemático. Dios se revela en el funcionamiento del universo.

—En la relojería.

—En efecto. Y ahí nace la ciencia. Y la ciencia es mecanicista.

Al llegar a Somosierra, el paleontólogo se salió de la carretera y se metió en un camino de tierra donde, tras dar un par de vueltas, aparcó el coche. Reconocí el sitio, porque unos años antes habíamos estado allí, a finales de la primavera, para asistir al espectáculo del florecimiento del piorno, cuyas flores amarillas brotan en forma de racimos densísimos que atraen como un imán a los insectos polinizadores. Donde hay piorno, hay mariposas. La experiencia está contada en el capítulo uno del primero de nuestros libros.

Ahora nos hallábamos en invierno y no había flores, claro, pero se escuchaba el rumor producido por la Chorrera de los Litueros o Chorro de Somosierra, una cascada próxima, formada por las aguas del conocido como arroyo del Caño y que desciende por las montañas de la sierra de Guadarrama para precipitarse en una caída espectacular de cincuenta metros de altura. Nos acercamos a verla de nuevo, porque su contemplación cerraba un círculo, el de nuestros encuentros, el de la amistad frustrada entre un sapiens y un neandertal, que quietos, delante de aquella cortina líquida, recibían en sus rostros el agua, perfectamente atomizada, resultante del choque de esta contra el suelo de piedra.

—Debe de haber comenzado el deshielo —dijo Arsuaga—, pues viene muy cargada.

Luego, mientras regresábamos en un silencio casi religioso al coche, el crepúsculo se puso rojo de repente, de un rojo intensísimo que se fundía con el sonido de la cascada, que íbamos dejando a nuestra espalda, lo que provocó, en mí al menos, ese raro fenómeno neurológico por el que la estimulación de un sentido desencadena una experiencia sensorial en otro. Así, el ruido de la cascada se volvió rojo, como el color del cielo. Entonces, en medio de aquella confusión nerviosa, escuché al paleontólogo. Decía que me había servido una variedad de dioses a la carta:

—Puedes elegir el que prefieras —añadió—: el del románico, el del gótico, el del Barroco...

—Con qué criterio... —dudé.

—Con el que te dicte tu conciencia.

—Pero si no hemos conseguido averiguar qué es la conciencia.

—Eso es lo que crees, pero no hemos hablado de otra cosa a lo largo de estos meses. Lo que pasa es que sigues anclado en el dualismo mente/cuerpo de Descartes. Pero sin tener noticias del interior de tu cuerpo no es posible que se genere tu conciencia. Esa información sobre tus estados corporales llega a un repliegue de tu corteza cerebral llamado ínsula (isla, en latín), vía tálamo, como siempre. La ínsula, que puede ser considerada un lóbulo más del cerebro, tiene mucho que ver con las emociones básicas, con lo que experimentas en tu subjetividad. Dice el neurocientífico portugués António Damásio que un ordenador no puede tener conciencia porque carece de un cuerpo que le hable y le cuente cómo se encuentra, cómo se siente. En resumen, las «vísceras» generan la «conciencia» de uno mismo. «Somos» cuerpo, no «tenemos» cuerpo. Descartes se equivocaba.

—¿Cómo va a formar parte de la conciencia mi sistema nervioso vegetativo? Estás hablando de algo mental, no físico.

—Llámalo como quieras. No vamos a llegar a un acuerdo en eso. No importa. Tan amigos. Pero espera, no elijas todavía ninguno de esos dioses, porque ocurre una cosa.

—¿Qué ocurre? —pregunté.

—Que de repente aparece Baruch Spinoza en el panorama intelectual de Occidente y lo cambia todo, porque dice que Dios no es el relojero, no es el autor de la máquina. Dios es la máquina. Todo lo que ves es Dios, también tú y yo somos Dios.

—Me asombra —dije— que esa idea proviniera de alguien que se dedicaba a la fabricación de lentes. Le da una dimensión simbólica tremenda, tremendamente dramática, quiero decir.

—Puede ser. Spinoza era una gran persona, está en la línea de Epicuro: es la ciencia, pero con emoción, no la pura ciencia matemática. La idea de que Dios no es el inventor de la máquina sino la máquina me parece sensacional. La comunidad judía lo expulsó de la sinagoga, no se sabe muy bien por qué. No se entiende el odio de su propia comunidad hacia Spinoza. Lo que dice no parece tan grave para un judío. Llevó hasta el final una vida modesta, fabricando lentes.

El paleontólogo se detuvo y buscó en el móvil un soneto de Borges dedicado a Spinoza, que leyó en voz alta:

Las traslúcidas manos del judío
labran en la penumbra los cristales
y la tarde que muere es miedo y frío.
(Las tardes a las tardes son iguales).

Las manos y el espacio de jacinto
que palidece en el confín del Ghetto
casi no existen para el hombre quieto
que está soñando un claro laberinto.

No lo turba la fama, ese reflejo
de sueños en el sueño de otro espejo,
ni el temeroso amor de las doncellas.

Libre de la metáfora y del mito
labra un arduo cristal: el infinito
mapa de Aquel que es todas Sus estrellas.

—Ahora puedes elegir en conciencia —concluyó.

El resto fue silencio. Ya en Madrid nos dimos un pudoroso abrazo de despedida.

Y eso fue todo.

Este libro se terminó
de imprimir en
Móstoles, Madrid,
en el mes de
septiembre de 2024